Direction artistique · Yannis Varoutsikos
Maquette : Les PAOistes
Édition des textes : Charlotte Monnier
Relecture . Véronique Dussidour
Index : Natacha Kotchetkova

Les recettes de cocktails des pages 138 à 144 sont issues
de La Bible des Cocktails, ©2015 Simon Difford et Marabout.

Japanese translation rights arranged with Hachette-Livre,Paris
Through Tuttle-Mori Agency,Inc.,Tokyo

LE WHISKY
C'EST PAS SORCIER

著：ミカエル・ギド

絵：ヤニス・ヴァルツィコス

訳：河 清美

ウイスキーは楽しい！

絵で読むウイスキー教本

PIE International

謝辞

毎日ほろ酔い気分にさせてくれた親愛なるディマ、私の計画を応援し、良質なウイスキーを自宅で保管してくれた両親、アルコールの効いた冗談で笑わせてくれたイラストレーターのヤニス、二日酔いせず、根気よくサポートしてくれたマラブー社チームとシャルロット、そして、ForGeorgesのために協力してくれた全ての人に心から感謝します。私のインタビューに情熱と深い知識をもって答えてくださった専門家の皆さま、ニコラ・ジュレス、ジョナ・ヴァラ、ギョーム・シャルニエ、オフェリア・ドゥロワ、ジム・バヴェリッジ、クリストフ・グレモー、エミリー・ピノーに、この場を借りてお礼申し上げます。（ミカエル・ギド）

ウイスキーよりもパスティスの味を教えてくれた祖父、ビュビュに感謝の意を込めて。全ての物事には始まりがあるが、スピリッツの世界に入るきっかけとしては、パスティスは悪くなかった！ そんな私にウイスキーの魅力を語り、この世界へ導いてくれたミカエル、ありがとう！（ヤニス・ヴァルツィコス）

目次

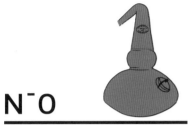

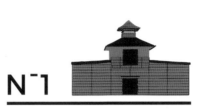

私をウイスキーの世界へ導き、本書でも
案内役となってくれた祖父、ジョルジュ
へ敬意を込めて

N⁻o 1

序章

─────────────────────────────────

ウイスキーは、世界中に存在する一部の通と言われる人たちのみが、誇らしげな言葉で語ることのできる特別なお酒なのだろうか？　否。ウイスキーに触れたことのある人は誰でも、真の愛好家でもただ少し興味があった人でも、良くも悪くも自分だけの思い出を持っているはずだ。ただ、ウイスキーから感じた印象を把握し、言葉にするための助言をくれる人、あるいは何かのきっかけが足りないだけだ。

著者である私は幼少の頃から、祖父であるジョルジュの家で振舞われる食前酒の世界に慣れ親しんでいた。ジョルジュの教えで様々なお酒を味わい、感覚を養うことができた。そして素晴らしい品は2つの要素が結合することで生まれることを知った。つまり、自然から供される上質な素材と、そのポテンシャルを最大限に引き出そうとする人の業である。

数年後、私はフランスで「ForGeorges」というブログを立ち上げた。その哲学は通にしか分からない難解な情報を提供することではなく、ウイスキーの世界の魅力をより多くの人に知ってもらうことである。

本書も複雑な専門用語やプロのテイスティング方法を解説した専門家向けのものではない。ウイスキーの選び方、テイスティングの楽しみ方、製造法の奥深さを知り、豊かなウイスキーの世界をよりよく旅するためのアドバイスをお求めであれば、ジョルジュが申し分のない案内役として皆さんを導いてくれることとだろう。

※本書では、祖父ジョルジュの豆知識が随所にちりばめられている。
　豆知識についてはGマークを参照のこと。

ウイスキーをたしなむ人たちとは?

ウイスキーは、50歳以上の年配者で、企業の社長、もしくは優雅な定年退職者、趣味がゴルフの人、アストンマーティンを愛車とする人、あるいはキルトを身につけるスコットランド人男性に限定された飲み物なのか?

長い間、映画や小説で広められてきたステレオタイプなイメージを払拭すべき時が来た。21世紀の現代においては、ウイスキーを飲む人のタイプは実に多様である。ウイスキーで苦い経験をした人も少なくないだろう。あなたもその一人かもしれない。だが、いつまでも失敗を引きずっていては損だ。私の祖父、ジョルジュはこう断言していた。「ウイスキーを愛せないということはあり得ない。ただ、自分にぴったりのウイスキーにまだ出合っていないだけのことだ」。地球上にはあまたのウイスキーが存在しているのだから、あなたに相応しい、生涯の友にしたくなる一品が必ずあるはずだ。自分にとっての聖なるウイスキーを見つけた人も、さらに探求を続けてみよう。感動をもたらす別のウイスキーに出合えるかもしれない。ここで、この数十年のウイスキー愛好家の傾向を見てみよう。

ヒップスター

ウォッカ、テキーラなどの無色透明の蒸留酒、ホワイトスピリッツを流行らせた若い世代が、長い間敬遠してきたはずのウイスキーに今、夢中になっている。ウイスキーは世界の最先端エリアで再びブームを巻き起こしている。今、東京、パリ、ブルックリンのウイスキーバーは、小さな蒸留所や無名の国で造られた、目新しいウイスキーを探し求めるヒップスターたちに占拠されている。

女性層

ウイスキーは男らしい飲み物? こんな固定観念で、レディがウイスキーを楽しむ機会を奪ってはならない! まずカクテルから入ることの多い女性は、世界のウイスキー消費人口の約30%を占めている。軽やかで柔らかい、フルーティーなタイプから始めて、徐々にコクのあるタイプへと移行する傾向がある。

G | **女性のためのウイスキー?**

効果的なマーケティングを考えるべきだ。女性もウイスキーに魅了される可能性を察知し、女性にアピールする宣伝広告に力を注ぐメーカーもいくつかある。ただし、くれぐれも「女性のためのウイスキー」などという、何の意味もない文句を用いることのないように。それよりも、「フルーティー」、「軽やかな」という表現を選ぶほうがよい。

ワイン愛好家

よいウイスキーを造るためにはよい樽が欠かせない！ もちろん、それだけではないが、ワインと同様、ウイスキーも熟成に長い年月を要する。ウイスキー熟成庫責任者の役割はワイン地下蔵責任者のそれに匹敵する。シングルモルトはピノ・ノワールという単一品種からなるブルゴーニュワイン、ブレンデッド・ウイスキーは複数の品種を調合して造られるボルドーワインにたとえられるだろう。しかも、フランスワインの蔵元が所有していた樽をウイスキー蒸留所で見かけることは珍しくない。その樽は一部のウイスキーの仕上げに使われている。ウイスキーとワインの境界に、はっきりした線引きはないことが分かるだろう。

美食家

ウイスキーと言えば、かつては食前酒か食後酒としての出番しかなく、食事の時には歓迎されない飲み物だった。だがようやく、食卓や料理の中に登場するようになってきた！ 料理のレシピに加えたり、ワインの代わりに食事と組み合わせたりすることで、ウイスキーは心地よい驚きをもたらし、いつもの好物の料理をまた新鮮な角度から味わうことができる。革新的なシェフの間でも、ウイスキーは創作力をかき立てる素材となっている。

カクテルファン

ウイスキー好きのなかで最も保守的な人たちを魅了する、ウイスキーベースのカクテルもまた再びブームになっている。アメリカのテレビシリーズ、「マッドメン」の主人公、ドン・ドレーパーと彼のご自慢のオールド・ファッションドが、間違いなくこのトレンドに一役買っている。だができれば、ウイスキーのコーラ割りがカクテルというイメージは頭から消し去ってほしい！

ウイスキーの種類

多種多様なウイスキーが存在し、原産国、原料となる穀物の種類によって、ウイスキーの呼称が異なる。このため、ウイスキーはなんだか複雑で、一部の通にしかわからないお酒と思われがちだ。そんなイメージは一掃する必要がある！　ここではよく目にする、ウイスキーの三大カテゴリーを紹介する。

WHISKY?　WHISKEY?

「Whiskey」という語を見かけたことがあるだろう。ただのスペルミスと思われるかもしれないが、そうではない。スコットランド、日本、フランスなどでは「Whisky」が用いられているが、アイルランド、アメリカ産のものは、「Whiskey」と綴らなければならない。その理由は歴史のなかにある。19世紀、スコットランドのウイスキーの品質にはばらつきがあり、なかには実にひどいものもあった。安酒として扱われないよう差別化するために、アイルランド人は、アメリカに輸出する前に、「Whisky」に「e」を加えて「Whiskey」と表示するアイデアを思い付いた。このため、アイリッシュ・ウイスキー、アメリカン・ウイスキーには今でもこの綴りが用いられている。ただし、この綴りを容認していない生産地域もあり、特にスコットランドのウイスキー生産者の前では、彼が造っているものを「Whiskey」と表現しないように注意しよう。その場から追い出されるリスクがあるからだ……。

SINGLE MALT/
シングルモルト

一つの蒸留所のみで造られるモルト・ウイスキー。歴史的にはスコットランドのハイランド地方が発祥とされている。大麦の麦芽（モルト）のみを原料とし、単式蒸留器（ポットスチル）で蒸留される。複数の蒸留所のシングルモルトを調合したもの（グレーン・ウイスキーは加えない）は、ヴァッテッド・モルトウイスキーと呼ばれる。

GRAIN WHISKY/
グレーン・ウイスキー

このタイプの原酒だけで瓶詰めされるウイスキーは、結構珍しい。主にブレンド用として製造されているからだ。それでも、「グレーン・ウイスキー」という呼称で市場に出ている銘柄はいくつかある。トウモロコシ、小麦と、麦芽にした、またはしていない大麦を原料とし、連続式蒸留器で造られる。シングルモルトほどの複雑な香味はないという評価が一般的だが、特別に上質なボトルも存在する。

BLENDED WHISKY/
ブレンデッド・ウイスキー

世界的に最もよく知られ、普及しているタイプで、スコットランドの生産量の90%を占める。「ブレンデッド」という英語名からわかるように、数種類のウイスキーを混合したものである。ジョニーウォーカー（Johnnie Walker）、シーバスリーガル（Chivas Regal）、バランタイン（Ballantine's）などの国際的なブランドは全てブレンデッド・ウイスキーだ。
主な特徴：
● よりライトな味わい
● リーズナブルな価格（ただし、高級なものもある）
● バランスの取れた味わいで、多くの場合、シングルモルトよりも飲みやすい

 | **ウイスキーに優劣はあるのか？**

愛好家の間でウイスキーの「ロールスロイス」とよく称されるシングルモルトを、格上と見なす傾向がある。だが、「それはただの思い込みだ！」、と多くの専門家は答えるだろうし、ブラインドテイスティングの結果でもわかるだろう。つまり、他よりも優れたウイスキーというものは存在しない。ただ、個性の異なるウイスキーがあるだけだ！

ウイスキーが誕生した国は？

英仏の百年戦争も相当長かったが、ウイスキーを最初に発明した国はどこかをめぐる、アイルランドとスコットランドの戦いに比べれば何でもないことだ。その起源については様々な逸話と実話がある。

アイルランド VS スコットランド

国名：
アイルランド

面積：
84,421㎢

人口：
630万人

気候：
海洋性気候

ラグビーのエンブレム：
シャムロック

ラグビーのシックス・
ネイションズの完勝歴：**2回**

国歌／アンセム（賛歌）：
**アイルランズ・コール
アウラーン・ナヴィーアン**

国名：
スコットランド

面積：
78,772㎢

人口：
530万人

気候：
穏やかな海洋性気候

ラグビーのエンブレム：
アザミ

ラグビーのシックス・
ネイションズの完勝歴：**3回**

国歌／アンセム（賛歌）：
**フラワー・オブ・
スコットランド**

ここではラグビーのシックス・ネイションズ（欧州の強豪6か国の国際大会）をベースに二国を比較してみたが、どちらがウイスキーを発明したか、という重大な戦いにおいてはどうなるだろうか?!

🅖 | 生命の水

ゲール語で「ウシュク ベーハー（Uisge beatha）」、アイルランド語で「イシュカ バハ（Uisce beatha）」は、「生命の水」という意味でスピリッツを意味する。この楽観的な名前は、この液体に浸けると死体が長持ちすることを発見した修道士たちによって考案された。かつては薬として大量に使用されていた。ハチミツと薬草を混ぜて造っていた当時のスピリッツは、現代のウイスキーとは似ても似つかぬものだった。1400年頃、アイルランドの一人の族長が生命の水を飲みすぎて命を落とした。生命の水は、死の水と紙一重だったということだ……。

聖パトリックの伝説

この伝説が真実だという証拠はないが、アイルランド人は固く信じている。聖パトリック祭で世界的にその名を知られる聖人によって、ウイスキーが誕生したとする説である。5世紀、ヨーロッパ大陸が侵略され、当時の知の番人であるキリスト教修道士たちがアイルランドの地に逃れてきた。彼らが

様々な知識を持ち寄ったことで、蒸留技術が発明されたのだった。こうして「生命の水」という意味の「イシュカ バハ」が誕生した。スコットランド人はこの説に異論を唱えていない。ただ、聖パトリックはスコットランド生まれだと主張している。

0 - 0
試合開始

イングランドの参入

第三の国がゲームに参戦してきた。12世紀、イングランドがアイルランドを侵略。国王ヘンリー2世とその家臣たちがこの地で見つけた酒のとりこになった。それこそが「イシュカバハ」であった。ただ、この伝説を証明する文献は残っていない。

アイルランド、
1点先制 **1 - 0**

アイラ島の対抗

1300年、マク・ベーハー家がスコットランドの小島、アイラ島に移り住んだ。裕福で教養のある一家で、科学と医学に傾倒していた。スコットランド国王のジェームズ4世が、アイラ島の君主と戦を始めた時、「生命の水」とも「ベーハーの水」とも訳すことのできる「ウシュク ベーハー」を発見した。このため、この一家がウイスキーを発明したと言い伝えられるようになった。この伝説は長く続き、アイラ島はウイスキー界で特別な存在となった。

1 - 1 スコットランド、
同点に追いつく

最初の記述

15世紀、オソリー司教区の司教の記録書に、賛美歌や事務的な文書とともに、「アクア・ヴィテ＝生命の水」のレシピが記載されていた！ 蒸留技法に関する最古の記録である。ただし、そのレシピはワインをベースとしたものであった。

アイルランド、
2点目を奪取 **2 - 1**

スコットランドだって黙ってはいられない！ 国立財務古文書館で、1494年に遡る、麦芽によるアクア・ヴィテ、つまりウイスキーに関する最古の記述が発見された。ベネディクト派修道士が国王の命で、授かった麦芽からアクア・ヴィテを作ったと言われている。

2 - 2 引き分け

イングランドが再び参入

1736年、イングランドの大尉がその書簡のなかに《Usky》（後に《whisky》となる）という語を書き記した。「スコットランドの誇りはUskyだ」、という言葉から、この人物はスコットランドがウイスキーの誕生地と見ていたようだ。

それで最終的な答えは？

勝敗を決めることはできない。本当のところはどうなのか、ジョルジュにも、誰にも知る由もない。結局のところ、ラグビーチームのサポーターになる時のように、自分が心から信じる伝説こそが真実、ということなのだ。あるいは、スコットランド人にはスコットランドが、アイルランド人にはアイルランドがウイスキーを発明したと二枚舌を使う賢い手もある。そうすれば、試飲会などで友人がたくさんできるだろう。

世界中に広がるウイスキー生産

ウイスキーを語る時、スコットランドを連想せずにはいられない。ウイスキーをオーダーする時、バーマンに「スコッチ」と言うこだわり派も少なくない。だが、ウイスキーの世界には今、革命が起きている。さあここでシートベルトを締めて、世界のウイスキー産地を一巡りしてみよう!

アメリカ合衆国

どこまでも広がる荒野、摩天楼、カウボーイ……そしてウイスキー! バーボン、ライ・ウイスキー、そして小規模のクラフト・ディスティラリーというイメージが強いアメリカには、揺るぎない歴史があり、その市場は現在も勢いが止まらない。

アイルランド

荒々しい岩地、映画に出てくる風景、ビールを飲む人たちが思い浮かぶアイルランド。19世紀には、特にアメリカへの輸出が盛んで、ウイスキー市場を制覇していた。過去の栄光か? そうとも言い切れない。

スコットランド

キルトと羊の国は、シングルモルトの蒸留所が世界で最も多い国でもある。その数は100軒以上。主に6地域で、ウイスキーが生産されている。つまり、スペイサイド、ハイランド、ローランド、アイラ、キャンベルタウン、アイランズだ。

ウイスキーを造れない国はない。

発芽させた、またはさせていない穀類から造られる蒸留酒（オー・ド・ヴィー）であるのだから、ウイスキー製造には地理的な制限はない。自宅の庭に蒸留所を建てれば、ウイスキーを造ることができる。実際に、タスマニア産の素晴らしいウイスキーも存在する！

日本

鮨を少しつまんでみたい？　それだけではなく、ウイスキーもぜひ味わってみてほしい！　日本の蒸留所は長い年月をかけて、血の滲むような修練を重ねて、完璧に近く、伝統国に匹敵するウイスキーを完成させた。

他の生産国や地域

インド、台湾、フランス、オーストラリアなど、ウイスキー製造は世界的な現象となっている。ウイスキーを一から発明する必要はもうない。新興国はウイスキーの定義を学び、新たな発想を持ち込んでいる。まだ無名の国々で、ウイスキーがさらなる進化を遂げる日が来るかもしれない。

ウイスキー年表

ウイスキーの歴史は複雑で、複数の地域で同時に発展し、それぞれの出来事に直接的な関係がないこともある。

5～14世紀
蒸留法の発明。「生命の水」を意味する「イシュカ バハ（Uisce beatha）」の誕生。

1608
ブッシュミルズ村が蒸留免許を取得。

1500　1600　1700　1750

1494
「アクア・ヴィテ（生命の水）」に関する最初の記述。

1505
エディンバラの理髪外科医のみがアクア・ヴィテを製造する権利を持つ。

1644
初めて酒税が導入される。

1724
「麦芽税」が徴収されるようになり、エディンバラやグラスゴーで大規模な暴動が勃発。

1759
現代にも名が残る、ウイスキー賛歌を奏でた大詩人、ロバート・バーンズ誕生。

1781
個人蒸留が禁止される。

1784
「もろみ法」（Wash act）が施行され、ローランド地方とハイランド地方が法的に区別される。ハイランド地方の税負担が軽減される（税額は蒸留器の容量によって設定される）。

1783
エヴァン・ウィリアムス（バーボンの始祖）がケンタッキー州に蒸留所を設立。

1791
蒸留酒類に対する物品税の採択。「ムーンシャイン・ウイスキー」と呼ばれる密造酒の出現。

1794
ジョージ・ワシントン大統領がウイスキー税反乱を鎮圧するために、ペンシルバニア州に兵士12,500人を派遣。

1671
カナダのケベックに最初の蒸留器の出現。

1736
「ウイスキー」という語が初めて現れる。

1755
「ウイスキー」という語が、高名なサミュエル・ジョンソンの「英語辞典」に記載される。

日本

1872
スコッチ・ウイスキーの存在が日本の地で初めて確認される。

1853
アメリカ海軍の提督、マシュー・ペリーの黒船が、バーボン・ウイスキーとともに浦賀沖に来航。

1923
山崎の地に、日本初のウイスキー蒸留所が建てられる。

1918
竹鶴政孝がウイスキーの製法を学ぶためにスコットランドに留学。

アイルランド

1830
イーニアス・カフェがロバート・スタイン考案の連続式蒸溜器を改良し、特許を取得。

1826
アイルランド人のロバート・スタインが連続式蒸留器を考案。アイルランドで発明されたものだが、この国の人々はその機能を信用しなかったため、スコットランド人によって使用された。

1980
「アイリッシュ・ウイスキー法」の制定。

1966
ウイスキー製造が衰退するなか、生き残った蒸留所が結束し、「アイリッシュ・ディスティラーズ・グループ」を設立。

1800　1850　1900　1950　2000

スコットランド

1823
酒税法改正。連合王国(UK)が酒税法を改訂し蒸留免許税や酒税を大幅に下げ、ウイスキー密造の抑止を試みる。

1820
ジョニーウォーカー(Jonnie Walker)の誕生。

1843
シーバス(Chivas)の店が、ヴィクトリア女王より、王室御用達と認定される。

1909
王立委員会の決定により、シングルモルトもブレンデッドも正式にウイスキーと名乗ることができるようになる。

1933
スコッチ・ウイスキーの定義が初めて法で定められる。

1915
最低2年以上の樽貯蔵が義務付けられる。1916年に3年へと改定される。

1960
「スコッチ・ウイスキー・アソシエーション」設立。

アメリカ合衆国

1820
ウイスキー精製のために木炭で濾過する技法が発見される。

1798
ケンタッキー州の蒸留所数が200軒を超える。

1920
禁酒法の施行

1964
連邦議会が、バーボンを「アメリカの偉大な発明品」と宣言。

世界

1841
食料品店で古いワインボトルがウイスキー販売に使用される。

1887
アルフレッド・バーナードによる、英国のウイスキー蒸留所に関する最初の書物が出版される。

1863
フランスでフィロキセラという害虫が現れ、ブドウ畑の大半が荒廃する。

スチル、ウイスキーの神器

魔法のように不思議な力を発揮する蒸留器は、ウイスキー製造を象徴する器具である。だからこそ、序章でまず触れておかねばならない。

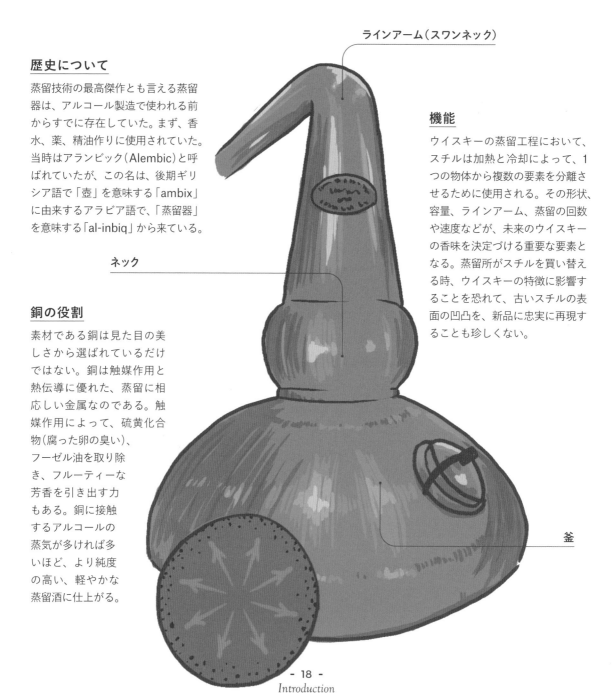

ラインアーム（スワンネック）

ネック

釜

歴史について

蒸留技術の最高傑作とも言える蒸留器は、アルコール製造で使われる前からすでに存在していた。まず、香水、薬、精油作りに使用されていた。当時はアランビック（Alembic）と呼ばれていたが、この名は、後期ギリシア語で「壺」を意味する「ambix」に由来するアラビア語で、「蒸留器」を意味する「al-inbiq」から来ている。

銅の役割

素材である銅は見た目の美しさから選ばれているだけではない。銅は触媒作用と熱伝導に優れた、蒸留に相応しい金属なのである。触媒作用によって、硫黄化合物（腐った卵の臭い）、フーゼル油を取り除き、フルーティーな芳香を引き出す力もある。銅に接触するアルコールの蒸気が多ければ多いほど、より純度の高い、軽やかな蒸留酒に仕上がる。

機能

ウイスキーの蒸留工程において、スチルは加熱と冷却によって、1つの物体から複数の要素を分離させるために使用される。その形状、容量、ラインアーム、蒸留の回数や速度などが、未来のウイスキーの香味を決定づける重要な要素となる。蒸留所がスチルを買い替える時、ウイスキーの特徴に影響することを恐れて、古いスチルの表面の凹凸を、新品に忠実に再現することも珍しくない。

様々な型のポットスチル

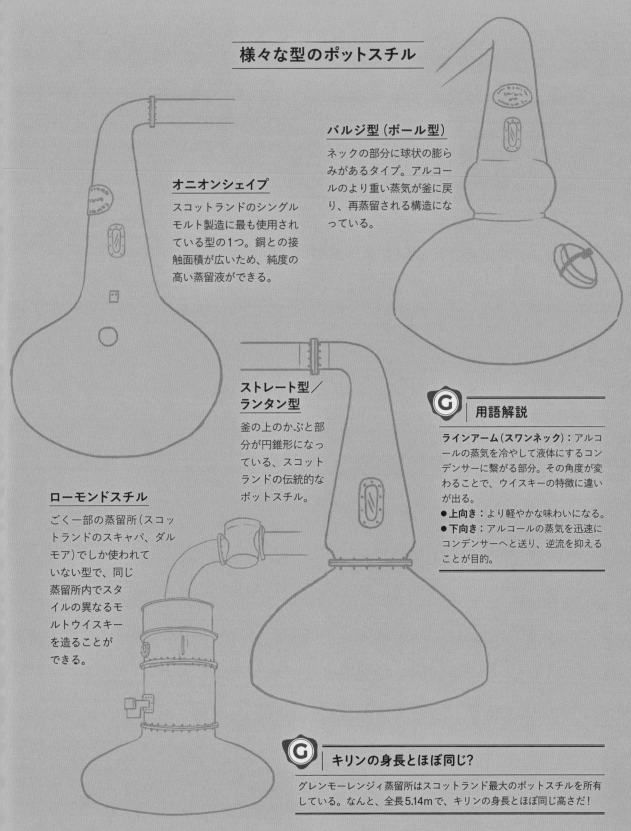

バルジ型（ボール型）

ネックの部分に球状の膨らみがあるタイプ。アルコールのより重い蒸気が釜に戻り、再蒸留される構造になっている。

オニオンシェイプ

スコットランドのシングルモルト製造に最も使用されている型の1つ。銅との接触面積が広いため、純度の高い蒸留液ができる。

ストレート型／ランタン型

釜の上のかぶと部分が円錐形になっている、スコットランドの伝統的なポットスチル。

ローモンドスチル

ごく一部の蒸留所（スコットランドのスキャパ、ダルモア）でしか使われていない型で、同じ蒸留所内でスタイルの異なるモルトウイスキーを造ることができる。

Ｇ 用語解説

ラインアーム（スワンネック）：アルコールの蒸気を冷やして液体にするコンデンサーに繋がる部分。その角度が変わることで、ウイスキーの特徴に違いが出る。

● **上向き**：より軽やかな味わいになる。
● **下向き**：アルコールの蒸気を迅速にコンデンサーへと送り、逆流を抑えることが目的。

Ｇ キリンの身長とほぼ同じ?

グレンモーレンジィ蒸留所はスコットランド最大のポットスチルを所有している。なんと、全長5.14mで、キリンの身長とほぼ同じ高さだ！

アランビック、ウイスキーの神器

N⁻1
ウイスキーを製造する

━━ **ウ** イスキー製造は工業生産が主流になってしまったのか？ それは正しくない。多くの蒸留所にとって、熟練した職人の眼と腕は、今でもなお上質なウイスキー造りに欠かせない宝である。さあ、ウォーキングシューズを履いて、ジョルジュの案内で蒸留所を見学しよう！

原料

◇◇◇◇◇◇

ウイスキーに使用する水の質によって、独特な香りが生まれると考える蒸留所もあれば、大麦の質が香味の決め手になると考える蒸留所もある。一つ確かなことは、原料がウイスキーのフレーバーにどのように影響するかを正確に把握するのは非常に難しいということである。料理のレシピと少し似ている。良質な原料の化学反応で、独特な個性が生まれる。

 01

穀類

穀類の調達とモルティング（製麦）は、ウイスキー製造において最もコストのかかる工程のひとつである。

シングルモルトの場合、大麦の選定が全ての基本となる。一部の蒸留所は大麦の選定を自ら行っているが、多くの場合、モルトスターと呼ばれる麦芽製造業者に委託している。モルトスターは、毎年同じ品質を維持するために、精密な指示書に基づいて大麦から麦芽を作る。大麦は全てスコットランド産、というわけではない。その多くはイングランド産、南アフリカ産である。

| 大麦 | トウモロコシ | 燕麦 | 小麦 | 蕎麦 |

しかし、大麦だけが使われているわけではない。ウイスキーはトウモロコシ（バーボン）、ライ麦（ライ・ウイスキー）、小麦、蕎麦、燕麦からも造ることができる。ただし、大麦がより豊かな香味特性を持っているとされている。

 質の悪い大麦 ＝ 質の悪いウイスキー

大麦は厳しい目で厳選される。蛋白質を多く含む大麦は家畜の餌にしたほうがよい。カビの生えた大麦は使用できない。ウイスキーに好ましくない香りが出てしまう。

02

水

「水はウイスキーの盟友」。スコットランド人はウイスキー造りにおいて、水の質と純度は極めて重要と確信している。だが、水がウイスキーの香味特性の5%ほどに影響していると推定したとしても、先ほども述べたように、それを計測することは至難の業である。水はモルティング、ディスティレーション（蒸留）、ボトリング時の加水など、様々な工程で使用される。驚くほど大量の水が消費される。

硬水
ミネラル成分を多く含む水
（グレンモーレンジィ、
ハイランドパーク）

湧水
結晶質岩盤を通って浄化された水。
軟水で少し酸味がある。
スコットランドに豊富に存在し、
水の清らかな国と称されるのは
この水によるところが大きい。

ピーティーウォーター
ピート（泥炭）層をくぐって
湧き出た黄色、茶褐色を
帯びた水。湖水から
汲み上げられることもある
（ボウモア、ラガヴーリン）。

03

酵母

酵母（英語でyeast〈イースト〉）は、それぞれの蒸留所伝来の秘薬ともいえる存在。その秘伝を明かすものはいない。平たく言えば、キノコと同じ菌類である酵母を入れる目的は、ウイスキーの香味の幅を広げるためである。そのレシピは蒸留所によって異なる。1種類の酵母を使う場合もあれば、7種類にも及ぶ酵母を使う場合もある。「ウイスキーには菌が入っているの？」と思われるかもしれないが、ご心配なく。蒸留所の奥義の結晶である豊かな果実香だけを残して、跡形もなく消える。

ウイスキーボトル1本分のレシピ

シングルモルトのボトル1本を生産するのに、平均して10ℓもの水と1.4kgの大麦が必要だ。だからこそ、豊富に湧き出る良質な水を確保することが重要になる。

ウイスキーにおけるテロワール

ウイスキーがスコットランド産でも、日本産でも、アイルランド産でも、その原料は同じ産地で栽培されていないことがほとんどである。この現状を知りつつも、科学の力を借りてウイスキーにもテロワールの考え方を導入できないかと考える生産者も出てきている。

テロワールとは？

テロワールはフランスで生まれた概念で、ワイン生産とともに発展してきた。同じ品種のぶどうであっても、ブドウ樹が育つ場所によって特徴が異なる。また、生産者の知識や技能によって、個性の異なる多様なワインが生まれる。テロワールは土壌や気候などの自然環境、ブド

ウ樹、生産者の日々の働きの相互作用を示す言葉といえるであろう。ウイスキーにおいては、原料の穀類が育つ風土とその栽培方法を統合させた概念ということになるだろう。

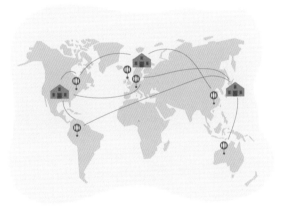

テロワールの歴史

ぶどう畑の区画分けは、数世紀にわたるぶどう研究の成果である。すでに古代から、畑の区画によってワインの出来が違うことが文書に記されてきた。その後、ブルゴーニュ地方のコート・ドール地区で、キリスト教のベネディクト派とシトー派の修道士によってぶどう畑が開墾された。彼らは100年近くもの間、畑のある場所がワインに及ぼす影響を研究、特定することに専心した。その結果、畑を細分化し、それぞれの区画を壁で囲んで「クロ」（Clos）をつくり、これらの「クロ」をワインの品質に応じて等級化する仕組みを築いた。修道士たちは土を食べて吟味していたという伝説があるが、それは事実ではない。ワインの味を利いて、優れた区画を見分けることのできる能力を持ったワインテイスターであったのだ。

他の土地で栽培された穀類

ウイスキーメーカーが自社製品をアピールする時に使う宣伝文句を見ると、蒸留器の独特な形状や水の清澄さ、マスター・ディスティラーの技能、特別な樽による熟成を強調しているものが多いことに気づくだろう。一方で、原料の穀類については何も語られないことがほとんどである。その理由は穀類の生産国がウイスキー製造国と違うことが多いからである。穀類の主な供給国はウクライナ、ニュージーランド、フランスなどである。例えば、スコットランドは19世紀末からモルトを自給自足できなくなった。大麦を現地で栽培していると宣伝しているメーカーがあれば注意が必要だ。多くの場合、調達しているごく一部の大麦が現地産で、それは数の少ない特別なウイスキーの製造に充てられている。

科学がテロワールに協力する時代

長い間、ウイスキー業界は穀類の栽培に注力してこなかった。ウイスキーの骨格となるフレーバーは蒸留と熟成で形成されると考えられてきたからだ。しかし、「ウイスキー・テロワール・プロジェクト」(Whisky Terroir Project)の誕生で、こうした傾向に変化が起きつつある。これは、アメリカ、スコットランド、ギリシャ、ベルギー、アイルランドの大学と、ウイスキーメーカーであるウォーターフォード(Waterford)が参加する研究プロジェクトで、そ

の研究論文は科学専門誌「フード」(Foods)で発表された。研究の内容は2017年と2018年に、自然環境の異なる2つの農場で栽培された、「Olympus」と「Laureate」という大麦2品種から造られたウイスキーの違いを分析したものである。その結果、42種以上の芳香族化合物が検出され、研究員によると、その約半数が大麦の栽培地、つまりテロワールの影響を直接受けていることが確認されたという。

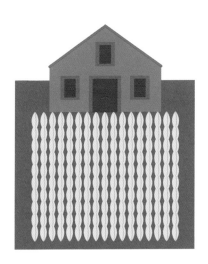
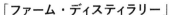

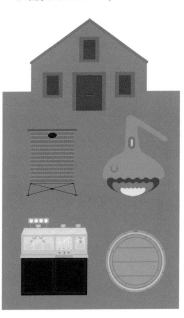

「ファーム・ディスティラリー」

原料をより良く管理するために、穀類を自社畑で栽培する「ファーム・ディスティラリー」(農場型蒸留所)が出現している。大麦の植え付けも蒸留所内で行い、ウイスキー製造の全工程を管理することが目的だ。フランスにも1軒あり、ロレーヌ県でロゼリュール蒸留所(Rozelieures)が自社栽培を実践している。

テロワールよりも広い
生産地域という区分

ウイスキーの「名産地」(例えば、スコットランドのスペイサイド地方)をアピールするウイスキーメーカーも少なくないが、これはテロワールの概念より広い生産地域を示している。1つの生産地域は広大で、同じ生産地域でも全ての蒸留所が同じスタイルのウイスキーを造っているわけではなく、同じ原料を使っているわけでもない。

造り手も
テロワールの1要素

穀類を取り巻く自然環境が、使用される酵母や熟成と同様にウイスキーの個性を形成する1つの要素であるとしても、「人的要素」、つまりウイスキー造りに携わる人々の存在も忘れてはならない。造り手の創造意欲、各工程における決断もウイスキーのフレーバーに影響を与える。

ウイスキー製造の７工程

ウイスキー製造に必要な原料は３つのみ。大麦（または別の穀類）、酵母、水である。次に解説する７つの工程を経て、ウイスキーは生まれる。各工程を熟練した技で、確実にこなすことが、ウイスキーのクォリティーを決める鍵となる。

01

モルティング（製麦）

収穫された大麦からモルト（麦芽）を作るモルティングは、ウイスキー造りに欠かせない最初の工程である。ただし、この作業を自ら行う蒸留所は今では少なく、モルトスター（麦芽製造業者）に委託することが多い。この工程の目的は浸麦から乾燥までの４段階を経て、デンプン分解酵素を生成させることである。乾燥の段階でモルトをピート（泥炭）の煙で燻すかどうかを決める。

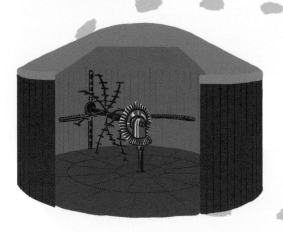

02

マッシング（糖化）

モルトを細かく挽いてグリスト（粉末状）にする。グリストと温水をマッシュタンという大きな糖化槽の中で混ぜ合わせる。糖分を含むウォート（麦汁）を抽出する。

03

ファーメンテーション（発酵）

ウォート（麦汁）に酵母を投入して混ぜる。ウォッシュバックと呼ばれる発酵槽のなかで加熱する。酵母が糖を食べることで、アルコールが生成されるのだ！　二酸化炭素も発生する。この工程は48〜72時間続く。完了すると酸っぱいビールのような発酵液（モロミ）ができる。これはウォッシュと呼ばれる。

04

ディスティレーション（蒸留）

特に慎重に行うべき工程で、アルコール度数の高い原酒を生成する。ウォッシュを蒸留器（単式または連続式）に移して加熱し沸騰させる。蒸発して気体となったアルコールを冷やして再び液体にする。この作業を2、3回（2回であることが多い）繰り返す。ニューポットと呼ばれる蒸留液を取り出す。

05

フィリング（樽詰め）

樽詰めする前にニューポットに水を加え、アルコール度数64%程度に調整する。熟成を始めるのに理想的な度数である。選定した樽の種類や状態（樽材の種類、ファーストフィル《一度使用した一空き樽》か否か、など）がウイスキーの未来を決める重要な要素となる。

06

エイジング（熟成）

この過程で魔法が起きる。樽詰めされ、貯蔵庫で寝かされた蒸留液は、少しずつウイスキーへと変化していく。熟成期間、気象条件、地理的な位置（海に近い、遠いなど）からなる多様な方程式により、ウイスキーの最終的な香味に違いが出る。熟成年数については、例えばスコッチ・ウイスキーと名乗るためには、最低3年以上熟成させなければならない。時には「フィニッシュ」（後熟）を施すこともある。これは、数年間の熟成後、原酒を別のタイプの樽に移して一定期間熟成させ、瓶詰めの前に新たなフレーバーを加える技法だ。

スコッチの場合、**最低3年**

07

ボトリング（瓶詰め）

一部の例外（ボトルにカストストレングスと表示してあるもの）を除き、ボトリングの前に、ウイスキーに加水を行う。アルコール度数を40〜46%に下げるためだ。多くの場合、この作業の前にウイスキーを濾過して不純物を取り除く。ただ、冷却濾過（チルフィルター）には、ウイスキーの香味成分の一部を消してしまうという難点がある。技術を要するボトリングの工程は、スコットランドのグレンフィディック、ブルイックラディなどのわずかな例外を除き、蒸留所とは別の場所で行われる。

ウイスキー製造の7工程

ピーテッド？ ノンピーテッド？

ウイスキーを語る時、ピート（泥炭）に触れないわけにはいかない。

ピート（泥炭）とは？

植物遺骸などの有機物が十分に分解されず堆積したもので、数千年の時をかけて、冷涼で湿気の多い気候の作用で枯死した野草、苔、その他の植物が泥炭になる。

どこにある？

この天然資源は「泥炭地」と呼ばれる湿原の地中にある。泥炭地は寒帯、亜寒帯でも、温帯、熱帯でも存在する。フランスのボージュ山脈、ピレネー山脈にも存在する。石油を掘り出すのと同様に、泥炭も掘り出さなければならない。1万年以上かけて形成された泥炭もある！

採掘方法は？

現代では採掘のほとんどは機械で行われている。ここでは、3つの伝統工具を紹介する。直方体に切り出した塊を、天日干しで乾燥させる。

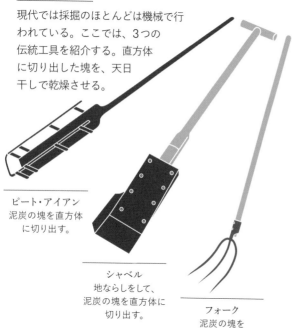

ピート・アイアン
泥炭の塊を直方体に切り出す。

シャベル
地ならしをして、泥炭の塊を直方体に切り出す。

フォーク
泥炭の塊を持ち上げる。

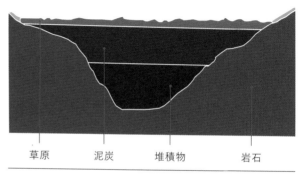

草原　　泥炭　　堆積物　　岩石

泥炭地

ウイスキー製造におけるピートの役割は？

思い違いをしている人もいると思うが、ピートはウイスキーに浸すものではない。樽の内側に塗り付けるものでもない。ピートは、製麦の工程で大麦を乾燥させるために使用される。ピートは火で焚くと香りの強い濃煙を放ち、この煙が大麦麦芽に吸収されるのである。しっかりと浸み込むように、ゆっくりと時間をかけて燻す。

かつては、ピートは一般燃料として使用されていたため、どのウイスキーにもピートで乾燥させたモルトが使用されていた。ピートを使用しないウイスキーを造りたい場合は、石炭などの他の燃料に替えるだけでよい。

ピーテッド・ウイスキーは、厳密にいえば泥炭そのものの香りを帯びているわけではない。口に含むと薬品、灰、甘草、暖炉で燃える薪、燻製にした魚のようなフレーバーを感じる。

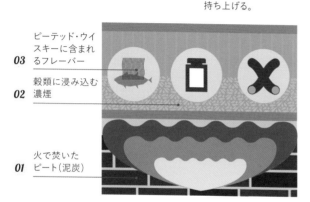

03 ピーテッド・ウイスキーに含まれるフレーバー

02 穀類に浸み込む濃煙

01 火で焚いたピート（泥炭）

Octomore 06.3
（オクトモア 06.3）：
258ppm

Ardbeg Supernova
（アードベッグ・
スーパーノヴァ）：
100ppm

ヘヴィリー：
30ppm 以上
Ardbeg
（アードベッグ）：
50ppm

ミディアム：
15〜30ppm

ノンピーテッド：
3ppm 以下
（ほとんど感知できない）

ピートレベル

ピートでの乾燥具合が軽い、強い、極度であるかを評価するために、フェノール値を百万分率（ppm）で計測する。フェノール値1ppmは、ウイスキー中の100万分の1に相当する。

フェノール分子

その計測方法は？

フェノール値はボトルのラベルに表示されることはあまりないため、自宅に実験室がない限り正確なppmを計測することはできない。一番よい方法は自分の舌で味わってみることだ。フェノール値45ppmのウイスキーのほうが、30ppmのものよりもピート香が弱いと感じることもある。全ては感じ方の問題だ。

G | 消滅危機にある天然資源！

ピートは存続の危機にさらされている。そのため英国では、ガーデニング愛好家（堆肥としてピートを好んで使用）に他の資源の使用を促すための保全活動が行われている。ピートの層は1年に1mmほどしか厚くならないが、毎年20mm以上のピートが採掘されている……。

シャベル1杯分
＝ピート20年分

G | 強烈なピート香を放つウイスキー

世界一ピーティーなウイスキーはブルイックラディ蒸留所のオクトモアだ。その06.3アイラ・バーレイ シリーズはなんと258ppmもある。ウイスキー界の生きた伝説、ジム・マッキュワンは、使用する原酒の調合と熟成に革新的な技を取り入れたに違いない。その成果は驚くべきものである！

モルティング（製麦）

収穫された大麦から、まずは不純物を取り除く。製麦の目的は大麦を発芽させて酵素を発生させ、デンプン質を抽出しやすくすることである。4つのプロセスを経て生成された大麦麦芽は、その後蒸留所へと送られる。

浸麦

大麦を水の入ったタンクに入れ、最低でも2～3日かけて、水分を吸収させる。

焙燥

乾燥とも呼ばれる。6日ほどかけて発芽させた後、大麦麦芽をキルンと呼ばれる乾燥塔へ移す。石炭、ピート（泥炭）または70℃の熱風を熱源に用いる。乾燥させることで発芽を止める。乾燥時間と熱源の種類が、ウイスキーのフレーバーに影響を及ぼす。

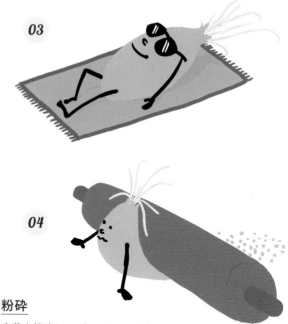

発芽

通気のよい、日のほとんど当たらないコンクリートの床に、大麦を厚さ30cmの層になるように平らに広げる。モルトマンが鋤や熊手、木製のシャベルで、大麦の層を8時間おきにすき返し、撹拌する（伝統的なフロア・モルティング）。芽の長さが2～3mmになったら、発芽を止めるために、次のプロセスへ移行する。

粉砕

麦芽を粉砕し、グリストと呼ばれる粉末状にする。

ⓖ どの穀類を製麦する？

製麦できるのは大麦のみと一般的に考えられているが、小麦、蕎麦、燕麦も製麦できる。

伝統製法 VS 機械製法

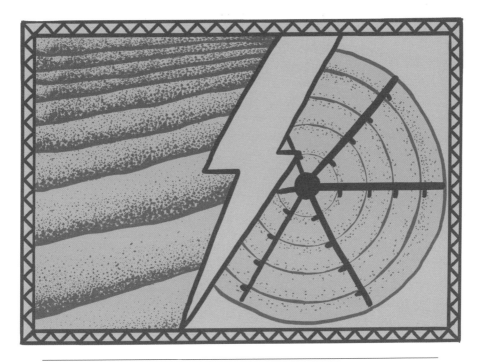

機械によるモルティングでは、鋤は使わず、
ドラムの中で複数のシャベルが自動的に回転し、大麦を攪拌する。

現代では、伝統製法よりも機械製法が一般的となっている。効率性と経済的な理由で、モルティングを自ら行う蒸留所は非常に少なくなっている。伝統を守るために、あるいは観光目的で大麦の一部（10〜30％）を自ら製麦している蒸留所もいくつかある。一方で工業的な製法であるモダン・モルティングは、各蒸留所からの指示書をより忠実に守り、一定の品質を維持することができる、と専門家からも支持されている。この工程は主にモルトスターと呼ばれる専門業者に委託されている。その光景には前頁で紹介した伝統的なフロア・モルティングのような情緒はない。

モンキーショルダーにまつわる昔話

ウイスキーと猿の間にどんな関係があるのか？　それを知るためには、遠い昔、スコットランドのフィディック川の畔にあるダフタウン村が、「世界のウイスキー首都」を自負していた時代に遡らなければならない。当時、この村には9軒の蒸留所があり、高名なウイスキー村であった。そのうちの6軒は今も健在である。この村は、一部の村民を苦しめた猿肩（モンキーショルダー）と呼ばれる奇妙な病でもその名を知ら

れるようになった。これは一種の関節症で、蒸留所の風が通る場所で、スコッチ・ウイスキーの製造に必要な麦芽を何度もすき返すという力作業を続けていた人たちを襲った症状だった。この重労働を人に代わって行う機械がまだなかった時代の有名な病だが、今でもダフタウン村で、その存在を知る食料品店の主人やバーマンに出会うことがある。現在では、「モンキーショルダー」という銘柄のウイスキーが存在する。

マッシング（糖化）

ウイスキーの製造工程に入る前に、ビール製造の話を少々。何もふざけているわけではない。すぐにその関係が分かるだろう。

ビールとは？

現代では、誰でもビールを造ることができる。友人、街角のバーマン、義父など誰でもだ。簡単に造れそうと思われるかもしれないが、実際はそうでもない！　ビール醸造に欠かせない4原料、水、大麦、ホップ、酵母を用意して、エプロンをしていざ取り掛かろう。

Ⓖ 世界最古のビール

ビール造りの歴史は古く、紀元前6世紀、メソポタミア時代に遡る。当時は「SIKARU（シカル）」と呼ばれていたが、飲み物ではなく日々の食料のベースとして使用されていた。フランスでは、南部で紀元前500年頃、ビールに関する記述が初めて登場する。

01 モルティング（製麦）
水を含ませてから乾燥させた大麦は、デンプンからアルコールの素になる糖を作り出す酵素を生成する。

02 マッシング（糖化）
大麦麦芽を粉砕して温水を加えて混ぜ、加熱する。

03 ホッピング（ホップ投入）
ホップと数種のスパイスを加えて、混合物を煮沸する。この工程でビール特有の香味が生まれる。

04 ファーメンテーション（発酵）
03に酵母を加えてアルコールを生成させたら、ビールはほぼ完成だ！

ウイスキー製造のマッシング（糖化）

ビールとウイスキーの関係は？

OK。ビールの話は確かに面白いが、この本はウイスキーに関するものだ。マッシングの工程はほぼビールと同じである（ただし、ホップ投入はウイスキー製造にはない）。このいわゆる「ビール」が蒸留されてウイスキーに変身する

のだ。この点がビールと決定的に違うところだ。ビールの場合、発酵後のモロミは煮沸されない。ウォッシュバック（発酵槽）のなかで酵母が糖をアルコールに変えている間に、他の複雑な化学反応が起きている。

マッシングの原理

モルティングの段階で粉砕したグリストを、マッシュタン（糖化槽）の中で温水と混ぜ合わせることで、穀類のデンプンからアルコールの素となる糖が生成される。

温度は65℃を超えないこと！

湯温が65℃を超えると、モルト中の酵素が死んでしまい、アロマの一部が失われてしまう。そのため風味の弱いウイスキーになる可能性がある。

まとめ

ウイスキーは糖化、発酵（ホップは投入しない）と蒸留の成果物である。

つまり、ウイスキーはほぼビールのような発酵液を蒸留したお酒と言える！

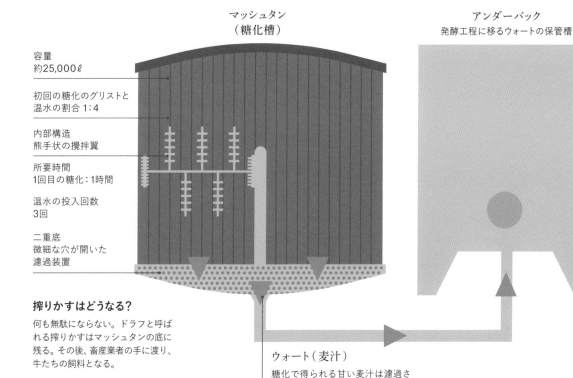

マッシュタン
（糖化槽）

アンダーバック
発酵工程に移るウォートの保管槽

容量
約25,000ℓ

初回の糖化のグリストと
温水の割合 1:4

内部構造
熊手状の攪拌翼

所要時間
1回目の糖化：1時間

温水の投入回数
3回

二重底
微細な穴が開いた
濾過装置

搾りかすはどうなる？

何も無駄にならない。ドラフと呼ばれる搾りかすはマッシュタンの底に残る。その後、畜産業者の手に渡り、牛たちの飼料となる。

ウォート（麦汁）
糖化で得られる甘い麦汁は濾過され、アンダーバックへと移る。

ファーメンテーション（発酵）

ウイスキー製造の中では少々謎めいた工程ではあるが（菌類の働きがメインであるため）、アルコールが初めて生まれる重要かつ高度な技術が必要な工程だ。

ウォッシュバック（発酵槽）

アルコールを生成するための発酵が行われる槽。幅4m、高さ6mもある大きな槽である。作業をするための足場が槽の開口部から1.5mほど下の位置に組まれているため、それより下が見えず、一見しただけでは全体の大きさが分かりにくい。

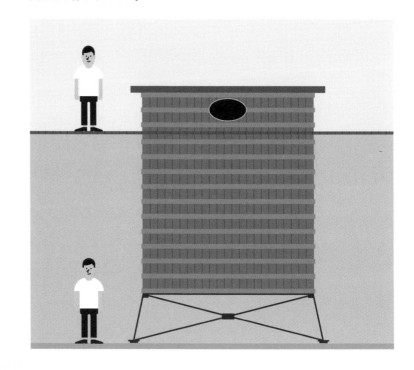

発酵とは？

分かりやすく言えば、発酵は糖が酵母の作用でアルコールに変わる化学変化である。1857年にルイ・パストゥールによって解明された。

素材

伝統的なウォッシュバックは松製またはから松製だったが、最近では手入れがしやすいステンレス製が増えている。

ジョルジュの豆知識

スコットランドのハイランドパークのウォッシュバックは、第二次世界大戦中、スカパ・フローを根拠地としていた英国海軍の公共浴場として使用されていた。

ジョルジュのアドバイス ― 覗くな危険！

蒸留所の見学時に、発酵が進行中のウォッシュバックの中を覗くことがあれば、それはきっと忘れられない特別な体験になるだろう。文字通り、息ができなくなる体験だ。立ち込める二酸化炭素に鼻を塞がれ、ひどいしかめ面になる。蒸留所の案内係が吹き出してしまうほどに。

発酵の仕組み

酵母

酵母は菌の一種であるが、大切に扱われている。お気に入りのウイスキーのなかで特に好きな香りがあるとしたら、それはおそらく酵母のおかげである。発酵過程で生成されるエステルが香りのパレットを広げる。酵母には2種類ある。

天然酵母
香りの幅を豊かにしてくれるが、不快な驚きをもたらすこともある。

培養酵母
より安定しているため、広く使用されている。独自の酵母を培養している蒸留所もあるが、その数は少ない。

プロセス

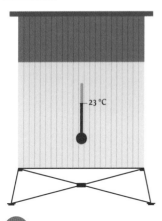

23 ℃

01

ウォッシュバックに、23℃まで温度を下げたウォート（麦汁）を2/3まで注ぐ。酵母を加えて発酵を始める。

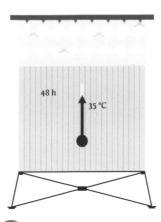

48 h   35 ℃

02

発酵は48時間続く。最初の反応はごく穏やかで、酵母の働きが活発になるまで時間がかかる。表面に泡が立ち始め、フツフツという音が聞こえてくる。温度は35℃を超える。

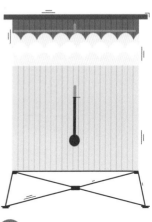

03

内蔵されているスイッチャーという泡切り装置を回して、ウォッシュバックから泡が溢れ出ないようにする。発酵がかなり進行すると、大きなウォッシュバックが揺れる音が聞こえることがある。

04

発酵が終わると、アルコール度数8%前後の酸っぱいビールのようなウォッシュ（モロミ）ができる。ポンプで蒸留器へと送られる。

ディスティレーション（蒸留）

ボトリングの際に加水するのはOKだが、そのまえに、水を取り除いてアルコールだけを抽出しなければならない。それが蒸留の目的である。単式（伝統方式）、連続式、真空式など様々な蒸留法があり、その方法によって蒸留液の特徴が異なる。

蒸留の原理

ここで化学の授業となるが、簡単にまとめたので難しく考えないで！　蒸留とはそれぞれの液体の沸点の違いを利用した分離方法である。具体的には水とアルコールの沸点の違いを利用して、80℃ほどで気化するアルコールだけを抽出する。蒸留はある物質を他のものに変化させるのではなく、ただ各要素に分離するだけである。熱の作用で物質が時間差で蒸発していくが、アルコールの蒸気を再液化させることで、蒸留液が得られる。一気圧下で水は100℃で、アルコールは80℃で気化する。好ましい化合物のみを抽出し、より豊かな香味を得るために、80℃よりもやや高い最適な温度に調整するための繊細なテクニックが必要となる。こう説明すると単純そうに思えるが、実際には、蒸留工程はもっと複雑で、望みの成果物を得るためには様々なパラメーター（圧力、容量など）を微調整しなければならない。

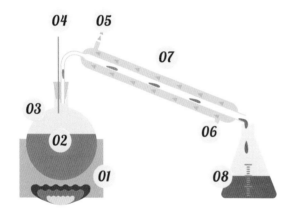

01 熱源でウォッシュ（モロミ）を加熱する。		**05** 冷却コンデンサー用の水が排出される
02 ウォッシュ（モロミ）を沸騰させる。		**06** 冷却コンデンサー用の水が入る
03 蒸留器の釜		**07** 水冷式コンデンサーでは、冷水が外側の管の中を循環する
04 サーモメーターで蒸留時の温度を管理する		**08** 再び液化されたアルコールを蒸留液という

化学の話

加熱と冷却によって、物質の状態（固体／液体／気体）を変化させて成果物を得るのが、蒸留の原理である。ウォッシュ（モロミ）が蒸留器の釜で煮沸される。アルコールの蒸気が蒸留器のかぶと部分からラインアームへと上昇し、冷却コンデンサーを通り、再び液化される。

危険な仕事？

蒸留はその責任者であるスチルマンによる常時監視が必要な工程である。火災や爆発が起こることもある、現代の蒸留所では、事故を防ぐために数々の安全装置が施されている。

蒸留の歴史

蒸留技術は遠い昔に発明されたが、一般的に使用されるようになったのはそれほど昔のことではない。古代にはエッセンシャルオイルや香水作りに使用されていた。蒸留についての最初の記録を残したのは、海水の蒸留現象について記述したアリストテレス派の識者であったと言われている。中世の時代は医学と錬金術のために用いられた（8世紀にアラビアの錬金術師がワインを入れたボトルの上部で生成されるアルコールの蒸気を、アラク《Araq／汗を意味する》と名付けた）。15世紀になってから、蒸留技術は主に酒造りのために活用されるようになった。

単式蒸留

シングルモルトのほとんどはこの方式で蒸留されている。2回蒸留が基本で（ただし、アイルランドやスコットランドのオーヘントッシャン蒸留所では3回蒸留）、2つで一組になった単式蒸留器（ポットスチル）で発酵後に得たウォッシュ（モロミ）を蒸留する。蒸留液はウォッシュ・スチルからスピリット・スチルへと移動する。

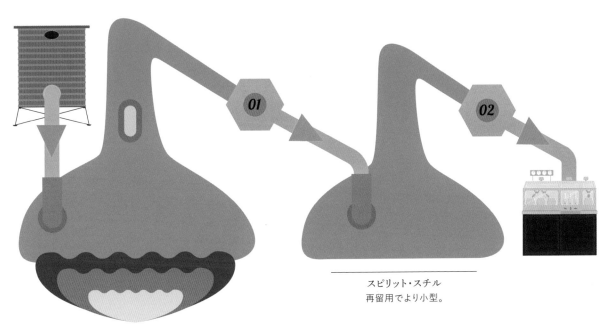

スピリット・スチル
再留用でより小型。

ウォッシュ・スチル
初留用。
スチルマンが釜の中の煮沸状態を
監視するための窓が付いている。

01 初留でアルコール度数が20〜25%の蒸留液、ローワインを得る。蒸留釜に残った廃液はポットエール（pot ale）と呼ばれる。

02 次にローワインを再留する。この工程はフランスでは「ボンヌ・ショフ」とも呼ばれる。この間にカットを行う（次の工程を参照）。

 真空（または低圧）蒸留

エネルギー消費量や、ほとんど活用されていない蒸留器の数を減らすことができる。大気圧下の水の沸点は100℃だが、低圧の環境ではより低い温度で沸騰し始める。

 石鹸の利用

加熱を早めるために、初留時に、無香料の石鹸の小片が使われていたことがあった。

連続式蒸留

主にグレーン・ウイスキーの製造に用いられる。つまり、世界のウイスキー製造の大半を占める。ウォッシュ（モロミ）は蒸留器の高い塔の上から連続的に投入され、数段の蒸留棚を通り、下から送り込まれた蒸気で加熱される。一つの蒸留器で気化と濃縮が連続的に行われる仕組みだ。

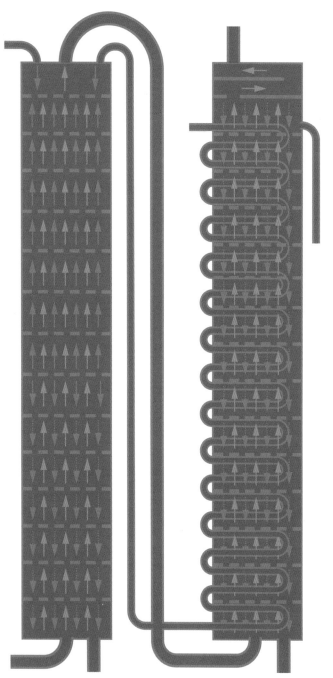

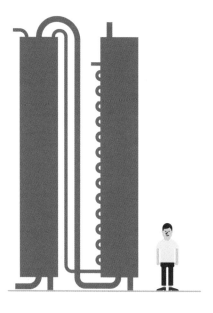

コラム・スチル（連続式蒸留器）

2塔からなる特殊な形状をした蒸留器で、特許取得者の名にちなんでカフェ・スチルとも呼ばれている。ウォッシュ（モロミ）を単回ずつではなく連続的に蒸留できる仕組みで、アルコール度数が100%に近い高純度の蒸留液を生成することができる。

 蒸留後の廃液（ポットエール）

廃棄するものはほぼない。例えばアイラ島では、廃液はバイオガス、電力の生成のために再資源化されている。より極端な再利用例としては、スコットランドの研究者がドーンレイ原子力発電所で、蒸留所から出る廃棄物で施設を除染する試験を行っている。

AENEAS COFFEY
イーニアス・カフェ
(1780-1852)

カフェという名でコーヒーを連想するかもしれないが、ウイスキー界に革命を起こした人物である。

1780年、フランスのカレーに生まれる。税務官の職に就き、監査総監になるまで出世する。職業柄スピリッツの世界と接することが多かったためか、1824年に意を決してダブリンの蒸留所を買収した。彼の才能が開花したのはこの時だった。彼は新型のアランビックを発明（正確には改良）し、カフェ式連続式蒸留器を完成させた。特許を取得したため、パテント・スチルとも呼ばれている。

カフェはまずロバート・スタインが発明した蒸留器をベースにしたが、蒸留塔を2本にすることを思い付いた。その結果、この新型蒸留器は製麦していない穀類（小麦、トウモロコシ）を、連続蒸留することが可能になった。刺激がより抑えられた蒸留液を得ることができ、しかもメンテナンスもそれほど必要なかったため、伝統的な蒸留器よりもコストがかからなかった。この発明品は1830年、#5974号として特許を受けた。

しかし、フランスの諺にもあるように、評価というものは概して知らない土地においてのほうが得られやすい。アイルランド人によって発明されたにもかかわらず、アイルランドの蒸留所はこの蒸留器に興味を示さなかった。その恩恵を受けたのはスコットランド人のほうであった。こうして、スコッチ・ウイスキーはアイリッシュ・ウイスキーを圧倒する存在となった。

1835年、この発明品で大成功したイーニアス・カフェは、蒸留所を閉鎖し第三の人生を歩み始めることになる。パテント・スチルの製造を専門とするAeneas Coffey & Sons社を立ち上げたのである。この会社はJohn Dore & Co.という社名で今も健在である。

カット

この工程が成功するか否かは、蒸留技術者であるスチルマンの職人技にかかっている。その目的はローワインを再留することで得られる蒸留液を三段階に分けることである。

3つの区分

03 テールまたはフェインツ（後留）

再留釜から留出してくる蒸留液の最後の部分でアルコール度数は60%かそれ以下。水を加えると青色になるので識別できる。硫化物と強い芳香化合物が多く含まれている。これも捨てるわけではなく、新たなローワインと混ぜ合わされて次の再留に回される。

01 ヘッドまたはフォアショッツ（前留）

再留釜から留出してくる蒸留液の最初の部分。アセトンとメタノールを含んでいるため、全く飲めない状態のものである。これを飲んだ場合には、吐き気のするような悪臭以外に、中枢神経に有害な作用をもたらし、失明、さらには死に至る危険がある。幸いにも強烈な臭いと72〜80%という高いアルコール度数をもとにヘッドを識別し、取り除くことができる。水を加えると濁るという特徴もある。だからといって、ヘッドは捨ててしまうわけではなく、新たなローワインと混ぜ合わされて次の再留に回される。この作業にはスチルの大きさによって、数分から30分ほどかかる。

02 ハートまたはミドル・カット（中留）

スチルマンが求めているのはこの部分である。ヘッドとテールを取り除いたハートのみが樽熟成へと送られ、3年以上経ってウイスキーになる。アルコール度数は68〜72%。蒸留時間はウイスキーのスタイルによって異なる。長いとまろやかなスタイル、短いと刺激の強い硫黄分の多いスタイルとなる。

スピリット・セーフ

歴史

美術品のようなスピリット・セーフは蒸留液が送り込まれる、銅とガラス製の密閉式検度器である。セーフ（金庫）という名が付いているのは、もともとは脱税を防ぐために考案されたものだったからだ。かつては多くの蒸留所が酒税を逃れるために、生産量の一部を申告していなかった。この装置を使うと蒸留器から留出するウイスキーの流量を正確に計測することができたため、申告漏れを防止することができたのである。今では、蒸留液のヘッドとテールの部分を取り除き、ハートのみを厳選するために使用されている。美しいオブジェのようでもあるので、蒸留所の見学でも人目を惹く。1983年まではスコットランドの保税官のみがスピリット・セーフを開ける鍵を持っていたが、現在では蒸留責任者が鍵を持っている。

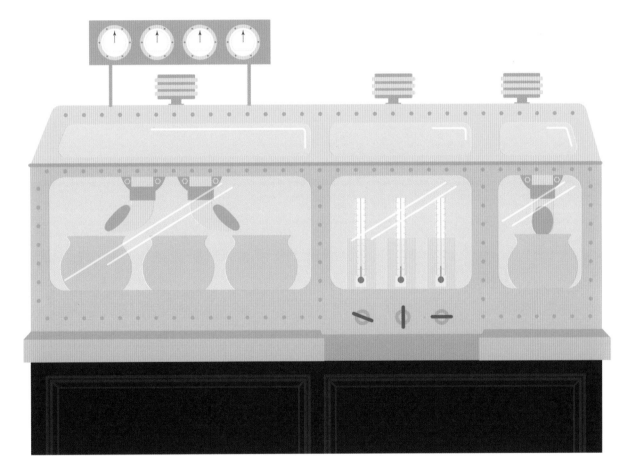

その仕組みは？

NASAのロケット打ち上げ管制室をイメージしてみる。だが、この装置は全てが旧式、さらには原始的ともいえる。電気は使わない。比重計で流れるアルコールの度数を測定し、水を混ぜて濁るか青色になるかを確認する。この確認の結果に応じて、スチルマンはボタンを回し、蒸留液を適切な容器へと送り込む。全てがスチルマンの腕一つにかかっている。ここで操作を誤ると悲惨な結果が待っている。

フィリング（樽詰め）

母のような存在の樽は、ウイスキーの進化に決定的な役割を果たす。ウイスキーを保護、育成し、その香味、色の仕上がりに大きく寄与する。

オーク（樫や楢）

世界中に豊富にあり、ウイスキー熟成に適した特性を持つため、最も多く使用されている樽材。主に2種類のオーク材が使用されており、もう1種類、わずかながら使用されているものがある。

なぜ樽を使うのか？

樽がアルコールの輸送に使用され始めたのは15世紀だが、樽熟成の重要性に関する最初の記述は1818年になってからのことである。英国やアメリカでのウイスキー消費が急増したため、蒸留所は港の脇に転がっていたラム酒用、ワイン用、シェリー用などの樽を輸送に使用せざるを得なかった。しかしこの状況が功を奏し、生産者たちはどの樽を選ぶかでウイスキーの香味特性が大きく変わることを発見したのだった。

● アメリカ産のホワイトオーク。現在、ウイスキー産業で使用されている樽の90%がアメリカンオーク製である。

● ヨーロッパ産のオーク材は木目が優しく、より多くの香味成分が樽からウイスキーに溶出する。ヨーロピアンオーク製の樽は、シェリー酒貯蔵に使用されていたものが多い。

● 3つ目のタイプは日本で使用されているミズナラである。ヴァニリンの香りが際立つ樽材だが、しなやかで多孔質であるため、細かい穴から中身が漏れやすく、ダメージを受けやすい。

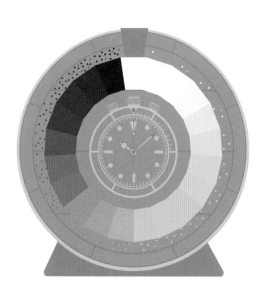

ウイスキーの色階
樽の種類、熟成年月に応じて、
ウイスキーの色は様々に変化する。

樽詰めの方法は？

車にガソリンを入れる時と同じ要領で、ピストルのような形をした充填機を使う！ より早く注入するために、太めのホースを取り付ける。樽が満杯になったら、ダボ栓と呼ばれる栓をして、木槌で上から叩いてしっかり嵌め込む。

樽の中で色はどのように変化する？

熟成の最初の数年間で、原酒は樽の作用で徐々に色付いていく。フィリング時のニューポットの色は無色透明だが、熟成後には、明るい琥珀色から深い栗色まで、多彩なニュアンスの美しい色を帯びるようになる。

それぞれの樽材の香味特性

ウイスキーの最終的な香味を決めるのは樽といっても過言ではない。
ウイスキーのフレーバーの90%までもが、樽の影響によるものだという意見もある。

ヨーロピアンオーク
スパイス／ウッド／カラメル／砂糖漬けにした果皮／シナモン／ブッシュ・ド・ノエル／オレンジ／レーズン／ナツメグ／シェリー／ナッツ

アメリカンオーク
ハチミツ／クルミ／カラメル／ジンジャー／ヘーゼルナッツ／アーモンド／バニラ／スパイス／ココナッツ

ジャパニーズオーク
クローブ／洋ナシ／バラ／ハチミツ／花／リンゴ／バニラ／スパイス

多彩な香味特性

ウイスキーの香味を生み出すためには、蒸留器から抽出された蒸留液と、樽材の様々な成分、リグニン、タンニン、ラクトン、グリセロール、脂肪酸などとの間に複数の化学反応を引き起こさなければならない。そのために、時の作用が重要となってくる。最初の化学反応の一つとして、リグニンとの反応があるが、これは有機化合物であるヴァニリンを生成する。若いバーボンやウイスキーからバニラ香が強く感じられるのはこのためである。反対に、ラクトンはウイスキーに浸透するまでに長い時間を要するため、20年以上熟成させないと、ココナッツミルクの微かな香味が現れない。

シーズニング

フレーバーの幅を広げるために、ますます多くの蒸留所が、スペインのボデガ（シェリー熟成用の貯蔵庫）に樽を貸し出し、そこでシェリーを熟成させた後で、樽を引き取る方策を採用している。賢い戦略だ！

フィリング（樽詰め）

樽の製造法

よい樽を造るには熟練の技がいる！ 忍耐と修業と精密な手技。よい樽を造れるようになるまで最低でも5年はかかる！ ウイスキー製造の随所で、時の作用が感じられる。

受け継がれてきた伝統の技

かつてはビール醸造者もサワークラウト店主も商品の輸送に樽を使用していた。樽造りの技は古くから伝わる職人技だ。テクノロジーが進んだ現代でも、その製法は昔からほとんど変わっていない。最高水準の品質に達するためには、肝心な部分は、熟練の職人により手仕事で行われなければならない。

世界最大の樽製造業者

ジャックダニエルと同じグループに属するアメリカのブラウン－フォーマン社。1日に1,500個まで製造可能だ。

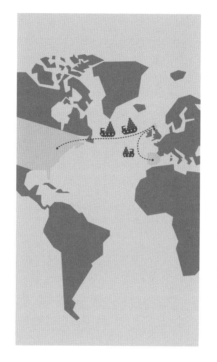

バーボン樽が多いのはなぜ？

1930年代、スペイン市民戦争の影響で、シェリー（ヘレス）樽の調達が難しくなった。この問題に対処するために、スコットランドは使用済みのバーボン樽を供給していたアメリカに助けを求めた。これは誰もがハッピーな解決策だった。アメリカは新たな樽の販路を手に入れ（バーボンは熟成に新樽を使用することが法律で定められている）、スコットランドはウイスキーを静かに熟成させることができた。現在、スコットランドの貯蔵庫では、バーボン樽20個にシェリー樽1個という割合で使用されている。

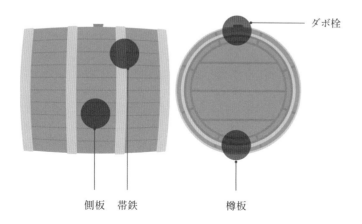

ダボ栓

側板　帯鉄

樽板

あの形状には理由がある？

木製の容器に液体をどうやって貯蔵するのか？ 樽の気密性はあの形状によるところが大きい。樽の膨らんだ中央部の両側に数本の帯鉄を嵌めて、側板全体を締め付けることで気密性が高まる。他にも、運搬しやすいという利点がある（ただし、ある程度の訓練は必要である）。また縦にしても横にしても保管できるので、物流の面から見ても便利である。

樽製造の工程

01

最初の極めて重要な作業は、木材の選別である。毎年、オークの木が伐採される季節に、樽製造の専門家が最良の樽材を厳選するために伐採地を訪れる。ここで選ぶオーク材の質が後にウイスキーの品質を左右する。オークは伐採前と後に吟味され、樹木の形、生育状況などの様々な基準に基づいて厳選される。木材の繊維の質、木目の細かさ、タンニンの含有量などが特に重要なポイントである。

トースティング vs チャーリング

ウイスキーに使用されるシェリー樽は、内面をゆっくりと炙っていく（トースティング）が、バーボン樽は内面を強火で焦がして炭化させる（チャーリング）。後者のほうがよりドラマチックである。伝統的な方法では樽から1m以上の炎が立ち上る。炭化した樽は活性炭のような役割を果たし、硫黄化合物を除去しやすく、より滑らかな味わいのウイスキーを得ることができる。ウイスキーの色はより濃くなり、香味はカラメル、ハチミツ、スパイスのニュアンスを帯びる。チャーリングした樽にはバーボンが注ぎ込まれ、熟成のために数年間、寝かされる。この樽は一度空いたら、新たなバーボンの熟成に使われることはなく、スコットランドやアイルランドのウイスキーを熟成させる樽として再利用される。樽の寿命は50〜60年と言われている。その後、リサイクルされる。

02

丸太は木目を傷つけないように、人の手で割られる。これは液体の漏れない樽を造るために欠かせない。丸太を分割し表面を磨いた後、木材を野外に数年間放置する。空気や雨にさらされ、木材は自然に老化していく。この過程の間、糖と酸の生成を監視する。

バーボンの熟成には、チャーリングした新樽の使用が義務付けられている。つまり、新樽の内側の表面を5mmほど炭化させなければならない。

03

数年後、樽の側板を作るために、木材を機械でカットする。よい長さにカットしたら、両端を細く削る。外側にかんなをかけて、内側が軽く弓状になるように成形する。精密な機械で束ねる。

04

検査と選別をした後、側板は組み立てのために樽業者へと送られる。この重要な工程では、クーパーと呼ばれる熟練した樽職人が、長年の経験と勘をもとに、側板を目視で選別し、出来のよくない側板を取り除く。それから、樽職人は側板を筒状に組み合わせ、その一方の端に枠となる帯鉄を打ち込む。驚くほど早く正確な手作業で、スカート状に開いた樽の原型ができる。

05

スカート状に広がった樽に水を打ち、内側を火で温めて木を軟らかくする。広がった部分をロープなどで締め付けて樽の形に仕上げていき、帯鉄を打ち込む。

06

最後に、少量の熱湯を樽内に噴射して、厳しい気密性検査を行う。この検査を行うと、水漏れや、水が外に滲み出た跡、その他の欠陥などを即座に検知できる。

樽の種類

◇◇◇◇◇◇◇◇◇

ウイスキーを貯蔵し、輸送するための主な樽を紹介する。

180 リットル

___

BOURBON BARREL
バーボン・バーレル

アメリカのウイスキー会社から供給される最も多く使用されているタイプ。

480-520 リットル

___

SHERRY BUTT
シェリー・バット

スペインで生産される、樽の中で最も高価で大きい樽。シェリーが浸み込んだ樽材から、ナッツやスパイスの香りがウイスキーに移る。

250 リットル

___

HOGSHEAD
ホッグスヘッド

バーボン・バーレルに、（新品、中古の）側板を数本足して作り直すと、豚1頭の重さ（ホッグスヘッド）の樽になる。昔の単位では630ガロンに相当するサイズ。

40 リットル

___

FIRKIN
ファーキン

蒸留所で使われている樽の中で最も小さい。非常に珍しいタイプで、かつてはビール、魚、石鹸などの輸送に使用されていた。

___

MIZUNARA CASK
ミズナラ・カスク

第二次世界大戦中の日本で、樽調達不足に対処するために発掘された。ミズナラというジャパニーズオーク製。生産量は100個／年で、希少性の高い樽。

さて、お値段は？

樽にかかるコストは、ウイスキー生産費の10〜20%を占める。現在の市況（シェリー生産量の低下、バーボン樽の需要増加）の影響により、価格が跳ね上がっている。参考までに、価格帯はバーボン樽で1個500〜600€、シェリー樽で1個700〜900€。1個で2,000€を軽く超える樽もある……。これほどの価格なのだから、最後の最後まで再利用するのも頷ける。

樽の一生

1つの樽は何回使用されるのか？　全ては蒸留所の方針と造り込みたいフレーバーによるが、3〜4回は使用できる。

ファーストフィル

ウイスキーを初めて詰める樽（英語でファーストフィル）は蒸留所にとっても、愛好家にとっても最も魅力的な樽と言える。「ファーストフィル」は、樽が新品という意味ではない。以前にバーボンやシェリーなどを熟成させていた空き樽に、スコットランドのシングルモルトを初めて詰めることをいう。ファーストフィルでは樽材の香味成分の影響が最も強く出る。

SOS！ 樽の応急処置

50年も使える樽にするためには、修理を適宜、施さなければならない。

メンテナンスの方法：

● 傷んだ側板を交換する。

● 側板を数本継ぎ足して、バーボン・バーレルからホグスヘッドに変身させる。

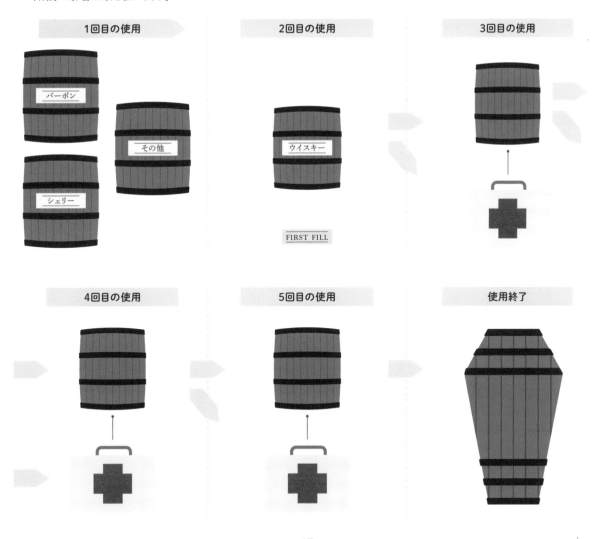

1回目の使用

バーボン

その他

シェリー

2回目の使用

ウイスキー

FIRST FILL

3回目の使用

4回目の使用

5回目の使用

使用終了

アメリカン・ウイスキー

長い間、ウエスタンブーツを履いたカウボーイが飲む安酒というイメージがあったが、アメリカン・ウイスキーは新たな黄金時代を迎え、快進撃を続けている。

多様なスタイル

アメリカン・ウイスキーと一口に言ってもその範囲は広い。アメリカ合衆国内で製造される全てのウイスキータイプの蒸留酒、つまり穀類のマッシュ（糖化液）を発酵、蒸留して造るアルコール度数の高いお酒を示す総称である。しかし、実際には様々なスタイルが存在し、複数のサブグループに分類されている。

アメリカン・ウイスキーの生産地域は？

アメリカ合衆国全州で製造することができる。テネシー・ウイスキーとして販売する場合は、テネシー州のみで製造することが義務付けられている。
● バーボン・ウイスキーの95％はケンタッキー州で製造されている！
● アメリカン・ウイスキーの総生産量の95％はケンタッキー産、テネシー産である！

アメリカン・ウイスキーとは？

アメリカでは発酵させた穀類のマッシュから製造された蒸留酒に、ウイスキーという呼称が認められている。一部の例外はあるが、以下の条件を満たさなければならない。

● アルコール度数95％以下で蒸留すること
● アルコール度数40％以上で瓶詰めすること
● ウイスキー特有の香り、味わい、その他の特徴を備えていること
● アメリカ合衆国内で蒸留されていること

樽熟成2年以上の場合、「ストレートウイスキー」（Straight Whiskey）と表示することができる。

「サワーマッシュ製法」（SOUR MASH）

アメリカのみ、それもごく一部の州で採用されている技術で、前回蒸留の際に生じた蒸留残液（バックセット）の一部を、新しいマッシュに少量加えて発酵させる製法である。あらかじめ自然発酵させておいた粉と水だけの発酵種（ルヴァン）を加えてパンを造るサワードウ・ブレッド製法に似ている。

リンカーン・カウンティ・プロセス（LINCOLN COUNTY PROCESS）

アメリカン・ウイスキーのなかでもテネシー・ウイスキーのみに採用されている製法で、深さ3mほどのサトウカエデ製の木炭層で、ウイスキーを何日もかけてゆっくりと濾過する。独特な香味が加わり、味わいもより一層まろやかになる。

バーボン・ウイスキーが特に有名だが、それだけではない！

バーボン・ウイスキーは世界中に流通していて、アメリカン・ウイスキーの販売量の大半を占めるが、
他にも様々なカテゴリーのウイスキーが存在する。

BOURBON
バーボン・ウイスキー

製造地：アメリカ合衆国

トウモロコシの割合：51% 以上

蒸留時のアルコール度数：80% 以下

樽：チャーリングした新樽

樽熟成：2年以上

瓶詰め時のアルコール度数：
40% 以上

樽熟成が4年未満の場合、
熟成年数をラベルに表示

香味料、着色料の添加不可

KENTUCKY BOURBON
ケンタッキー・バーボン・ウイスキー

バーボン・ウイスキーと
製造条件は同じだが、
ケンタッキーと表示するためには、
ケンタッキー州で1年以上、
樽熟成を行わなければならない

MALT
モルト・ウイスキー

製造地：アメリカ合衆国

大麦麦芽の割合：51% 以上

ストレート（Straight）の表示条件：
樽熟成 2年以上

香味料・着色料の添加不可

同一の州で造られた原酒のみで
瓶詰めすること

TENNESSEE WHISKEY
テネシー・ウイスキー

製造地：テネシー州

トウモロコシの割合：51% 以上

瓶詰め時のアルコール度数：
40% 以上

樽：チャーリングした新樽

樽熟成：2年以上

リンカーン・カウンティ・プロセスで濾過

RYE
ライ・ウイスキー

製造地：アメリカ合衆国

ライ麦の割合：51% 以上

ストレート（Straight）と表示しない場合：
香味料・着色料の添加が認められる

WHEAT
ウィート・ウイスキー

製造地：アメリカ合衆国

小麦の割合：51% 以上

ストレート（Straight）の表示条件：
樽熟成 2年以上

香味料・着色料の添加不可

同一の州で造られた原酒のみで
瓶詰めすること

STRAIGHT RYE WHISKEY
ストレート・ライ・ウイスキー

ライ・ウイスキーと同じ製造条件だが、
さらに以下の条件を満たさなければ
ならない。

樽熟成：2年以上

香味料・着色料の添加不可

同一の州で造られた原酒のみで
瓶詰めすること

ジョルジュの豆知識

「オールド・フォレスター」（Old Forester）は長い伝統を誇る銘柄だが、
1874年に初めて密栓したガラス製ボトルで販売された、「瓶詰めバーボン」
の第1号として特に有名である。それまでは樽売りが主流だったバーボンの
品質の安定と向上に貢献した。

JACK DANIEL
ジャック・ダニエル
(1849-1911)

謎に包まれた人物であるが、世界的に有名なウイスキーブランドの始祖である。

ジャックの人生は順風満帆だったわけではない。母親は彼が生まれてすぐに他界し、父親は6歳の彼を隣人のもとに残して失踪した。ジャックはその後すぐに家を出て、ルター派のダン・コール牧師のもとに身を寄せた。伝説では、ジャックは暇な時に蒸留酒を造っていたこの牧師から蒸留技術を伝授されたと言われているが、最近の研究では、使用人のネアリス・グリーンから教わったとも考えられている。

牧師が神に仕える時間を重視したため、ジャックは蒸留所を買い取り、1866年に政府に登録した。そのため、アメリカ合衆国初の政府公認の蒸留所となった。その当時、彼のウイスキーは丸いボトルに詰められていたが、1895年にある商人の妙案により、現在まで脈々と続く、この銘柄を象徴する角ボトルが登場した。ジャックダニエルの年代物のボトルを手にした時、「なぜ、Old No.7と記されているのか」、と思うに違いない。これこそが長らく語り継がれてきた、ジャックダニエルの謎の一つである。

ジャックは一度も結婚したことがなく、子には恵まれなかったが、甥っ子の一人に全盛期にあった蒸留所の経理を任せていた。この甥っ子の案で、貯金を頑丈な金庫で保管し、二人にしか分からない暗証番号で管理していた。数年後、この番号を忘れてしまったジャックが金庫に強烈な蹴りを入れ、足の指を折ってしまった。不幸なことにこの時の傷が悪化し、5年後に他界したと言われている。だが、研究者たちは実際には、敗血症というあまりドラマチックではない原因で亡くなったと見ている。

CHARLES DOIG
チャールズ・ドイグ
（1855-1918）

東洋の寺院を思わせる伝統的な麦芽乾燥塔、「キルン」のないスコットランドの風景など想像もできない。

18 55年にスコットランドのアンガス州の農家に生まれたチャールズ・ドイグは、若い頃から算術の大会で何度も優勝し、その優れた知能で一目置かれていた。15歳の時に、彼の幾何学とデザインの才能に感嘆した地元の建築家のもとで働くことになった。

その当時、スペイサイドのウイスキー産業は発展の一途を辿っており、ドイグもその光景を間近で眺めていた。そして、新しい蒸留所の建設、旧施設の拡張、改築を依頼されるようになった。当時の蒸留所を頻繁に襲った火災を防止するために、蒸留所に沿って設置することのできる消火装置などの画期的な対策を提案したりもした。

しかし、彼の名が後世まで残ったのは、パゴダ風屋根を持つキルンを設計したからである。かつては麦芽製造場の屋根は円錐状で、美しいものではなかった。ドイグはデザインもパフォーマンスも優れた、さらに通風性も改善した施設に変身させた。

最初のパゴダ風キルンは、ダルユーイン地区のアベラワー蒸留所から数km離れた所に建設された。その後、彼は死を迎えるまで56以上の蒸留所の設計に携わったと見なされている。

このキルンを今も使用している蒸留所はごくわずかとなったが（モルティング業者に外注しているため）、ウイスキー王国たるスコットランドの象徴であることに変わりはない。

貯蔵庫にて

〜〜〜〜〜〜〜〜〜〜

天使の分け前が空へと召される。樽を取り巻く外気が樽の中へと誘われる。貯蔵庫の中で熟成させている間は何も起きないと思ってはいないだろうか？　原酒が静かに眠るこの貯蔵庫のなかでこそ、誰も解明できない魔法の力が働くのだ。

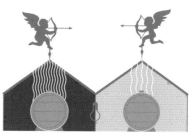

G 「天使の分け前」（エンジェルズ・シェア）について

物理現象を詩情的に表した言葉。樽熟成の間に蒸発するアルコールの一部のことを指す。温度が高く乾燥している場所では、分け前の量がより多くなる。反対に冷涼で湿気の多い場所では少なくなる。

ウイスキー原酒のエイジング（熟成）に欠かせない施設。魔法が起こり、時間が素晴らしい働きをする場所である。貯蔵庫は原酒を大切に保管する場所であるだけに、それぞれの産地の気候の特徴が室内に浸透し、その痕跡が原酒に残るような環境を作らなければならない。

他の蒸留所の樽

厚情と協調はウイスキー業界のキーワード。同じ貯蔵庫に競合他社の樽が眠っていることも珍しくない。これにはいくつか理由がある。例えば、他社の蒸留所が技術的な問題に直面していて、正常に戻るまでの間、他社の樽を引き受ける場合がある。あるいはある蒸留所の貯蔵庫が地理的に恵まれた場所にあり、樽熟成中の原酒に興味深い、補完的な作用をもたらす場合に他社の樽を受け入れる場合などがある。

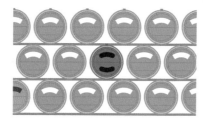

ウイスキー貯蔵庫にはワインの樽もある！

ボルドーのグラン・クリュのワイン、極甘口ワインなど、フランス産、外国産のワインの樽が普通に置いてある。ウイスキーに好ましいニュアンスを加味するためだ。

G ジョルジュのアドバイス

おすすめの体験
伝統的な貯蔵庫の中でウイスキーを試飲する。これを見学者に提案している蒸留所はわずかである。少し粘ってお願いすると、誇らしげに貯蔵庫を案内してくれることもある。そうなればラッキーだ。樽から採り出したばかりの原酒を試飲させてもらうという好運に恵まれるかもしれない。貯蔵庫責任者が樽の列の奥へと消えて、ウイスキーの入ったピペットとともに戻ってくるのを見ると心が躍る。きっと忘れられない特別な体験となるだろう。

貯蔵庫の様子

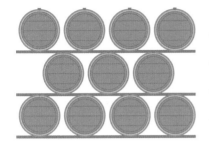

伝統的な貯蔵庫

スコットランド人は伝統の「ダンネージ式のウェアハウス」について熱く語ることだろう。石壁に土の床とスレート屋根からなる建物は、一見したところ質素である。しかし、中に入るとウイスキー菌が歓迎してくれる。正確に言うと「Baudoinia compniacensis」という菌で、アルコールの蒸気で繁殖する。その結果、貯蔵庫内の石壁の表面に黒い層が形成され、湿度を調整できるというメリットがある。この環境下では、天使の分け前は年に2%ほどである。

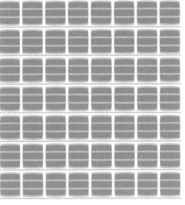

縦積み方式の貯蔵庫

パレットの上に樽を縦に積んでいく方式で、フォークリフトによる搬入、搬出がスムーズにできる。この方式は物流面の作業効率に優れているが、伝統的な貯蔵庫のイメージからは遠く、どちらかというと工場のようである。

ラック式の貯蔵庫

1950年代に生まれたこのタイプの貯蔵庫の中では、小人になったような気分になる。樽は天井まで届く高い棚に12段ほどまで積み上げることができる。外観は伝統的なスタイルとは異なり、地面はコンクリート、屋根はトタン、壁はセメントブロックである。屋根に近い樽のほうが、アルコール蒸発分が多くなる傾向にある。

樽の中の原酒は貯蔵庫内の環境に敏感である。

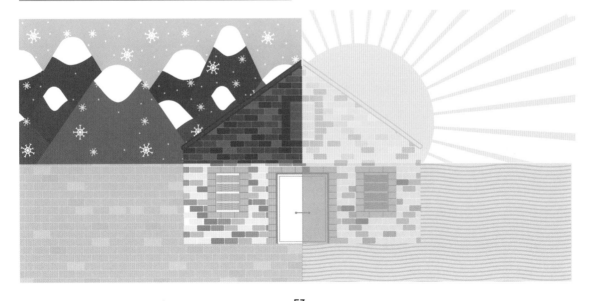

ブレンディング（調合）

ウイスキーは貯蔵庫の中で、ゆっくりと熟成していく。長い眠りを解いて、次の工程へと移行する時が来た。

少し歴史の話

ブレンディングは、ウイスキーの品質が安定していなかった19世紀中期に考案された。この問題を解消するために、1840年代にグレンリベット蒸留所に勤めていたアンドリュー・アッシャーという人物が、調和の取れた、より飲みやすいウイスキーを造るために、複数のウイスキー原酒を調合するというアイデアを思い付いた。こうして、ブレンデッド・ウイスキーが誕生した。現代では、世界販売量の90%を占めるまでになっている。

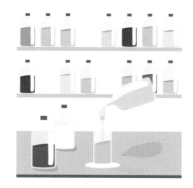

ブレンディングする理由は？

ブレンディングの技術には、蒸留所の命運がかかっている。同じ蒸留所の同じ貯蔵庫内に、同時期に蒸留液を詰めた複数の樽があるとしても、一つとして同じ原酒はできない。色調も香味もアルコール度数も樽によって異なる。そのため、いつも変わらない一定した味わいのウイスキーを提供することはそう簡単なことではない。複数の原酒を組み合わせて、安定した味わいの1つのウイスキーを造り出すことが、ブレンディングの目的だ。

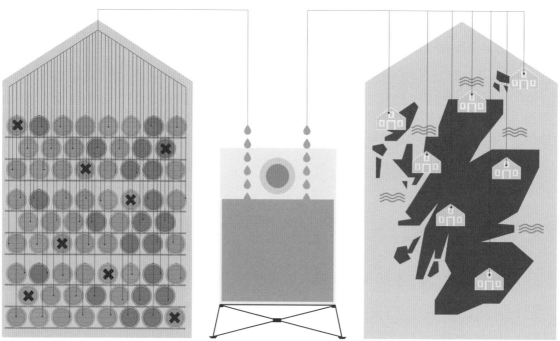

その方法は？

貯蔵庫責任者が1つのウイスキーを構成する複数の樽（2種〜数百種）を厳選する。選んだ樽の原酒をステンレス製のタンクに移して均一になるように混ぜ合わせる。ブレンディングが終了したら、酒質を均一化させ、それぞれの香味を最大限に引き出すために、再び樽に詰めて数週間あるいは数か月間、再熟成させることもある。

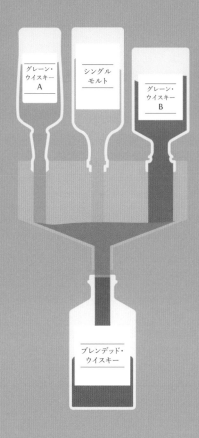

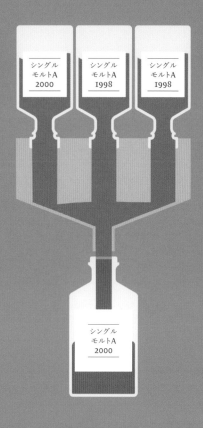

ブレンデッド・ウイスキー

ブレンディングは楽譜に似ている。それぞれの樽の原酒が音符となり、1つの歌を作り上げる。複雑なのは、音符が毎年変わり、数千も存在するということだ。マスター・ブレンダーは、それぞれの樽の原酒を定期的にテイスティングして、その変化を把握するという地道な作業を繰り返す。そして、すでに存在する銘柄のウイスキーが、前年と変わらない一定した味わいになるように調合を行う。

シングルモルト

ブレンデッド・ウイスキーとは違い、シングルモルトはブレンディングしたものではない、と思うのは間違っているわけではない。ただし、各蒸留所は、そのスタイルを象徴するフレーバーを毎年安定して作り出すために、熟成年数や樽が異なる複数のモルト原酒を調合し(ヴァッティングという)、香りや味の差異を微調整して、ひとつのシングルモルトを造っている。

 | 熟成年数について

15年と表示されたボトルを買ったら、15年熟成させた原酒のみで造られたウイスキーと思うかもしれない。しかし実は違う。法律では、ウイスキーを構成する原酒のなかで、最も若い原酒の熟成年数を表示することが義務付けられている。多くの場合、1本のウイスキーには、表示されている熟成年数以上の原酒も含まれている。一定の品質、香味を維持するためだ。表示年数の2倍も古い原酒が含まれていることもある!

ボトリング（瓶詰め）

ウイスキー製造の最終工程で、長い年月をかけてウイスキーを造り上げた蒸留所と、私たちのホームバーの架け橋となる工程でもある。仕上げにも細心の注意が必要なことは言うまでもない！

加水と濾過

加水はなぜ必要？

貯蔵庫で熟成のピークを迎える時、ウイスキーのアルコール度数は約64%になっている。一般の消費者にはあまりにも強すぎる！そこで、前工程で使用されたものと同じ天然水を加えることで、アルコール度数を下げるのだ（40〜46%）。だが、加水をすると油性成分が析出して澱となり、濁りが出てしまう。これを避けるために、チルフィルター（低温濾過）が行われる。

チルフィルター（低温濾過）

まず、ウイスキーの温度を0℃に下げる。そして油性成分を捕らえる2枚のセルロース板の間に入れて濾過する。液体の透明度は増すが、その代わり、澱に含まれる香味成分も一緒に除去されるというデメリットもある。

カスクストレングス

カスクストレングスを味わうには、心の準備が必要だ。樽から出した原酒を、水で薄めずにそのまま瓶詰めするタイプだ。アルコール度数は60%を超える。実に豊かな香味を楽しめるが、どちらかというと通向け。グラスに入れて味わうときに、水で割ってもいいし、ストレートで飲んでもいい。

アンチルフィルタード（非低温濾過）

香味成分をできるだけ取り除かないようにするために、常温で濾過しているウイスキーもある。油性成分がより多く残り、アルコール度数が45%を超えるものが多い。

G | ## シングルカスク

ボトルに「シングルカスク」（単一の樽を意味する）という表示がある場合、それは一つの樽のモルト原酒のみから造られたウイスキーであることを示している。より優れた樽を厳選することで、蒸留所元詰めのスタイルとの差別化を狙った、スコットランドの独立系瓶詰業者（インディペンデント・ボトラーズ）がもともとは始めたテクニックだが、現在では蒸留所でも、シングルカスクの生産が一般的に行われている。

＋ 厳選された樽1つ1つの個性をそのまま生かしたボトルを手にすることができる。

− なかなか手に入らない希少なウイスキーなので、あまり執着しないほうがよいだろう。1つの樽から生産できるボトルの数は100本ほどに過ぎない。

オフィシャルボトル VS ボトラーズボトル

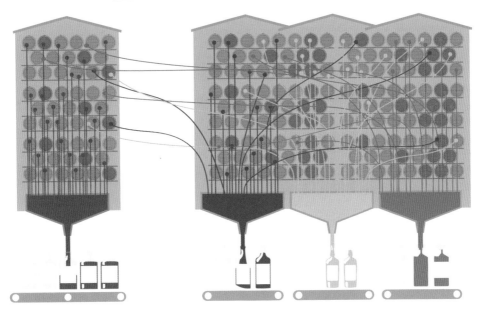

オフィシャルボトル／ボトラーズボトル

オフィシャルボトルとは蒸留所元詰めのボトルのことを指し、蒸留所の個性や伝統を反映させたウイスキーである。しかし、ウイスキーは蒸留所から樽詰めの原酒を買い、独自に瓶詰めを行うことができる特殊なスピリッツでもある。これを実践しているのが独立系瓶詰業者、すなわちインディペンデント・ボトラーズである（業界ではIBと呼ばれている）。通常、蒸留所は「自社のスタイル」に合わない樽を彼らに販売する。その後、インディペンデント・ボトラーズは、自らの判断で、買い取った樽の原酒をさらに熟成させたり、樽を交換したり、ブレンディングを行ったりして、独自のボトラーズボトルに仕上げる。このような業者はスコットランドだけに存在するわけではない。ベルギー、フランス、ドイツにも存在するが、原酒がこれらの国でボトリングされる場合、ボトルに「スコットランドで蒸留されたウイスキー」と明記されることが多い。

VINTAGE
Distilled at IMPERIAL Distillery

Speyside Single Malt
Scotch Whisky
- Vintage 1995 -

Age: 20 years
Distilled on: 18.09.1995
Bottled on: 24.09.2015
Matured in: Hogshead
Cask No's: 50222 + 50223
Bottle No.: 336

Due to no chillfiltration, this whisky
may turn cloudy when stored in a cool
place. It is both more full bodied and
full flavoured.

75 cl NATURAL COLOUR 46 % vol.

ボトラーズボトルの見分け方

オフィシャルボトルとは違い、ボトラーズボトルは、例えばシグナトリー・ヴィンテージ（Signatory Vintage）、ダグラスレイン（Douglas Laing）、ゴードン＆マクファイル（Gordon & MacPhail）などのようにシンプルなデザインのものが多い。その代わり、ラベルに表示されている技術情報の量が多い。

Ⓖ ワイン産地にある インディペンデント・ ボトラーズ

フランスのブルゴーニュ地方で、スコットランドで蒸留されたウイスキーを熟成させているベルギー人がいる。異色の存在とも言えるミシェル・クーヴルー氏（Michel Couvreur）だ。彼が厳選した樽は、ワインで世界的に名を知られるボーヌ村から数km離れたブーズ・レ・ボーヌ村の地下倉に眠っている。

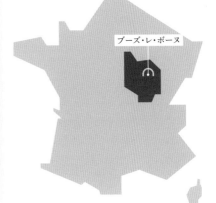

ブーズ・レ・ボーヌ

マスター・ディスティラー

蒸留所を象徴する存在であるが、何よりも情熱があり、人々の情熱をかき立てることのできるプロフェッショナルだ。蒸留所の核ともいえるこの職業に触れないわけにはいかない。

長年の鍛錬を要する仕事

今の仕事を辞めて、マスター・ディスティラーに転身したいと願っているとしたら、長期計画を立てる必要がある。それもかなり遠い未来を見据えた計画だ。マスター・ディスティラーは、今日明日でなれるような職業ではない。蒸留所に入社してからマスター・ディスティラーになるまで、10年以上はかかる。日々テイスティングを行い、技術を習得し、知識を深める。聖なる生命の水を生む錬金術に必要な全工程を把握

するために、蒸留所の様々な持ち場で経験を積む。ただし、どんなに知識があっても謙虚であることを忘れない。なぜなら、「ウイスキーの全てを知り尽くすことはできない」ということをよく知っているからだ。優れたマスター・ディスティラーになるためには、いくつかの資質が必須となる。つまり、科学者であり、広報のプロであり、情熱家であり、鋭い嗅覚を持つことだ。

マスター・ディスティラーとはどんな会話をしたらよい？

マスター・ディスティラーが目の前にいるとしても、焦らないように！
以下のような質問をすれば、「ほぼ専門家」と見なされるだろう。

● どのタイプのアランビックを使っていますか？
● 最近のテイスティングで、最も心に響いたものは？
● 今日の天候だと、どのウイスキーがおすすめですか？

つまり、自分の仕事を何時間も熱く語ってくれるような質問を投げかけるだけでよい。話し好きは、情熱家に共通する特徴だ！

 ｜ マスター・ディスティラー VS マスター・ブレンダー

マスター・ディスティラーは蒸留責任者であり、シングルモルト製造の最高責任者である。ブレンディングの場合、マスター・ブレンダーが最高責任者である。相互補完的な職業である。

マスター・ディスティラーの1日

彼らは一日中、蒸留器の前で待機しているわけではない！
そのミッションは多岐に渡り、全ての業務をこなすには、24時間あっても足りないほどだ。

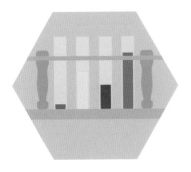

新商品の開発

研究室での仕事だ。ウイスキー・メーカーは既存の成果に頼ってばかりではいられない。「その伝統的なスタイル」が消費者から評価されているとしても、新商品を提案し続けることが重要だ。ブレンディングの試作とテイスティングを繰り返し、新しい樽の原酒の仕上がりを確認し、常に革新を追い求めなければならない。

蒸留所の運営管理

真の監督者として、全てが週7日体制で稼働することを保証しなければならない。ウイスキー製造の工程に改善の余地がある場合、その改善を行うのも彼の務めである。

樽ごとのテイスティング

この職業の中で最も魅力的な仕事と言っても過言ではないだろう。一つ一つの樽から採取したドラム（スコットランドでウイスキー1杯分を指す用語）をチェックしない日は1日もない。原酒が進化のどの段階にあるかを見極めなければならない。もちろん、プロの研ぎ澄まされた感性で！

蒸留所の生き字引

「マスター・ディスティラーになることで満足してはならず、常にそうあり続けるのだ」。蒸留所の歴史を把握しながらも、未来へと継承していくことが彼らの使命である。

ブランドを代表する存在

マスター・ディスティラーは肩に蜘蛛の巣を付けて働いていると想像していないだろうか？　全くの間違いだ！　ブランドが世界中で主催するイベントに参加すれば、フォーマルな場では三つ揃えのスーツ姿、カジュアルな場ではシャツとジーンズ姿で登場するのがわかるだろう。彼らはブランド・アンバサダーなのである。実際に、蒸留所の仕事を語るうえで、マスター・ディスティラー以上の適任者がいるだろうか？

ウイスキーを製造する

蒸留所の職人たち

穀類をウイスキーに変身させる各工程に腕利きの職人がいる！

スチルマン

蒸留液からヘッドとテールを取り除き、樽熟成へ送られるハートを抽出するための「カットポイント」を見極める蒸留技術者。

ウェアハウスマン

樽貯蔵庫を管理し、原酒の樽詰め、樽空け、澱引きを担当する。

マッシュマン

大麦に含まれるデンプンを糖に変え、さらにウォッシュバックで酵母の力によって糖をアルコールに変える作業の責任者。

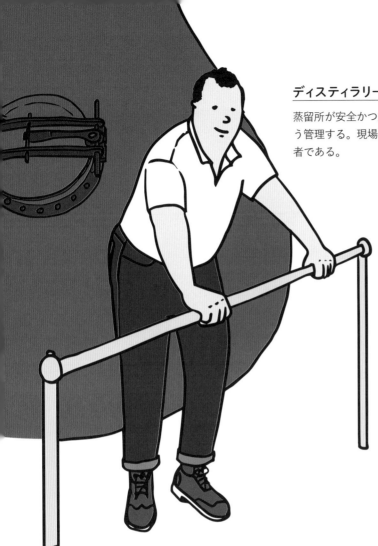

ディスティラリー・マネージャー

蒸留所が安全かつ効率よく稼働するよう管理する。現場の全社員と樽の責任者である。

ビジターセンター長

蒸留所はウイスキー製造の場であるが、観光スポットでもある。2015年には、150万人以上の観光客がスコットランドの蒸留所を訪れた。センター長は訪問客に安全かつ趣向を凝らした見学ツアーを提案しつつ、蒸留所の仕事を極力妨げないようなプランを立てなければならない。

 ## 小さな蒸留所 VS 大きな蒸留所

小規模な蒸留所では、ごく数人の職人が複数、あるいは全ての作業を兼任している。スコットランドのエドラダワー蒸留所には最近まで3人の職人しかいなかったが、一方でジャックダニエル蒸留所では主に蒸留、瓶詰め、出荷の作業のために500人もの人員が割り当てられている。

TOWSER
タウザー
(1963-1987)

スコットランドのグレンタレット蒸留所の玄関口で、その銅像を拝むことができる。
28,899匹のネズミを抹殺したといわれるシリアルキラーで、蒸留所の穀物を守った番人でもある。
アランビックの下で発見されたネズミの屍の数でギネスブックに載ったほどである。

もうお分かりだろうがタウザーは人ではなく猫である！ この驚くべき名猫はミルクにウイスキーを少量入れてもらっていたためか、23年もの間、狩りの名手として素晴らしい功績を残した。飼い主によって、その雄姿をラベルに描いたボトルが出されるほど伝説的な存在となった。

タウザーは世界一有名なウイスキーキャットとなったが、スコットランドでは今でもほぼ全ての蒸留所で穀物を守るための猫が飼われていて、マスコット的な存在にもなっている。グレンタレット蒸留所ではタウザーが1987年に世を去った後、アンバーという猫が跡を継いだが、どうやら才能はなかったらしく、22年の生涯で狩ったネズミの数はごくわずかであった。

同蒸留所はザ・キャット・プロテクションのスコットランド支部の協力を得て、タウザーの後継者を選出している。その活動はマスコミに報道されるほどのイベントになっている。年間12万人もの訪問客を迎える看板猫となり、さらにはネズミも捕らえるという仕事をこなしてもらうために、猫専門のセラピストを現場に呼び出したこともあったという。ウイスキーキャットの仕事はフルタイムなのだ！

ウイスキーを製造する

蒸留所見学を成功させるための黄金律

ウイスキーファンであれば、蒸留所の見学は心躍る楽しい体験であり、よい思い出となるものだろう。ただし、そのためには万全の計画を事前に立てる必要がある!

01 移動ルートを事前に調べる

スコットランドの場合、飛行機やフェリーに乗り、レンタカーを借りなければならない。例えばジュラ島の蒸留所を訪問するには、フェリーに車を積んでいく必要がある。旅の途中で立ち往生しないために、シーズンに応じて交通機関の運行時刻表を入念に調べておく。また、宿も早めに予約しておくこと。ホテルや民宿は数週間前から満室であることが多い。

02 運転手を確保する

試飲をしないで見学することはまずない。1日に数回も、何杯ものウイスキーを飲むうちに、運転などできなくなってくる。スコットランドの場合、かつては血液1ℓ中にアルコール0.8gまでは運転することができていた。だが2014年からは許容量が0.5gまで下がった。

03 あまりに観光地化した蒸留所を避ける

もちろん、個人の好みの問題である。だが、蒸留所の見学というよりも博物館を見学しているような感じの蒸留所もある。大規模な蒸留所は避けて、小さな蒸留所を発掘するほうが楽しい。自分たちの仕事について熱く語り、いろいろな質問に答えてくれる情熱的な造り手に出会える確率が高い。ただし、ひとつ条件がある。それはかなりの英語力が必要ということだ……。

04 ウイスキーボトルを買って帰る

もちろん、グッドアイデアだ。自国では見つからない、あるいは数量が限定されているボトルに出合えることが多い。ただし、免税枠について事前に調べておこう。
EU加盟国からフランスに持ち帰る場合：一人当たり10ℓまで。
EU域外の国からフランスに持ち帰る場合：一人当たり1ℓまで。
ウイスキーをもっと持ち帰りたいからといって、子供に頼ってはならない。18歳以上であることが条件となる!

05 免税店

ウイスキー生産国に行かないとしても、空港などの免税店をチェックする価値は大いにある。大手メーカーは免税店のために特別に開発したウイスキーを販売している。

N˟2
ウイスキーを味わう

テ イスティングは堅苦しくて複雑なものだろうか？ シンプルな手順で何度か経験すれば、今まで想像したことのない喜びが、グラスの奥に秘められていることを知るだろう。ウイスキーグラスを手にして、五感の旅に出よう！

テイスティングに備える

いよいよテイスティング会を開く時が来た。でも焦らないで。まずはベストな環境を整えよう。

01 空間

なるべくニュートラルな場所を選ぼう。招待客をシガールームに招いて驚かせるという考えは持たないように。煙は感覚を鈍らせるだけである。同様にテイスティングの途中で煙草を吸わないほうがよい。また、静かな場所を選ぶ。音楽、会話、サッカーのテレビ中継などがあると、そちらに気を取られてしまい、テイスティングの邪魔になる。

02 招待客

ウイスキーは各人で味わうものだが、テイスティング会は喜びを分かち合う場でもある。友人、家族、隣人を数名招く。他の人と一緒に味わうことで、印象を交換しあい、別の角度から評価し、自分では気づかなかった香りを発見することができる。ただし、人選には気を付けたほうがよい。専門知識の多すぎる人を呼ぶと、うんちくが鼻について疲れることになるだろう。かといって全くの初心者は、何も感じ取ってもらえずがっかりすることになるだろう。

03 ウイスキーの選択と順番

テイスティング会ではどんなウイスキーを選んでもよいが、味を見る順番は何でもいいわけではない。2杯目のウイスキーからほとんど何も感じられないということが起きないように、順番には十分に気を付けたい。

テーマ案：
- 産地別に比較する。
- 1地方の異なる銘柄を比較する（スペイサイドの複数の銘柄）。
- スタイルの違いを比較する（ピーティー、バーボン、ブレンデッド）。
- 同じ蒸留所のもので熟成年数、仕上げ方、特徴の違いを比較する。

順番のルール：
- 軽いものから強いものへ。
- ピーティー感が弱いものから強いものへ。
- 熟成年数が若いものから古いものへ。

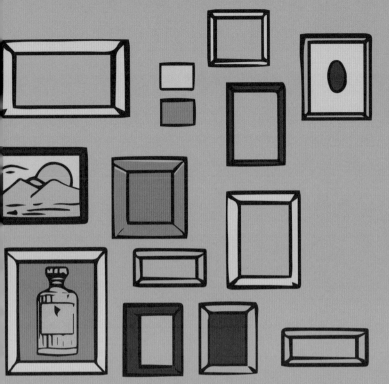

05 評価の基準となるウイスキーを選ぶ

まずは、評価の基準となるウイスキーの味を見る。そのウイスキーから普段と同じ風味が感じられるかをチェックする。感じられない場合は、ウイスキーを適切に評価できるコンディションではないので、テイスティング会を延期したほうがよい。

06 水、水、水

ミネラル分が控えめな水（ボルヴィック、スコットランドの湧き水など）を常に用意しておく。テイスティング会の時に一番飲むのは水だ。

07 テイスティングノート

ウイスキーから感じた印象を書き留めることは簡単ではないが、感覚を研ぎ澄ます訓練になり、次のテイスティング会がさらに楽しくなる。アドバイスはP.88〜90参照。

08 幻のボトル

可能であれば（財力があれば）、テイスティング会の最後にとっておきのボトルを提案する。例えば、今ではもう手には入れられない古い蒸留所のもの、あまり世に出ていない珍しいもの、特に評価の高い熟成年数のものなど。この幻のボトルの物語を徹底的に調べあげ、その全てを招待客の前で惜しみなく披露しよう。皆の記憶に残る特別なテイスティング会になることだろう。

04 テイスティングはお腹を適度に満たしてから

初心者がよくやる過ちは、すきっ腹で飲むこと。ウイスキーを一杯飲むと食欲が出てくる。「トースト香」、「動物香」、「フルーティーな風味」などの言葉はいたずらに食欲をそそり、食事まで待ちきれない気持ちに駆られてしまう。また、先に何かを胃に入れておけばアルコールが回りにくくなり、2杯飲んだ後でめまいがすることもないだろう。もちろん、お腹がはちきれるまで食べる必要はない！

人体へのアルコールの影響

アルコールを摂取した後で、体内で起こる作用はかなり厄介だ。ウイスキーが様々な器官を巡る、驚くべき道筋を辿ってみる。

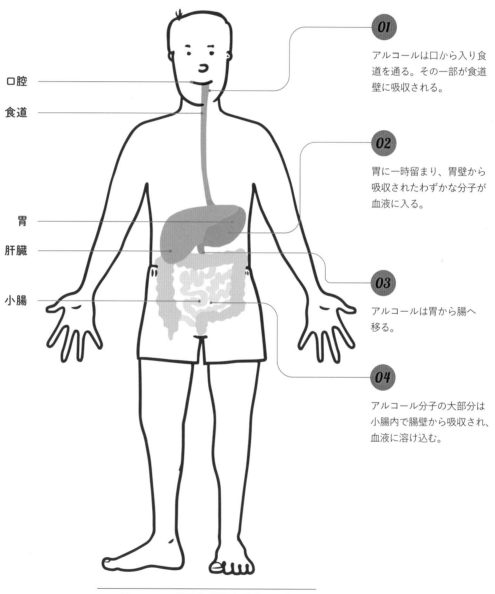

口腔

食道

胃

肝臓

小腸

01

アルコールは口から入り食道を通る。その一部が食道壁に吸収される。

02

胃に一時留まり、胃壁から吸収されたわずかな分子が血液に入る。

03

アルコールは胃から腸へ移る。

04

アルコール分子の大部分は小腸内で腸壁から吸収され、血液に溶け込む。

アルコールが消化器系を巡るルート

アルコールが全身に回る……

アルコールの分子は微小であるため、水分や油分に溶けやすい。
そのため、アルコールは体内のあらゆる器官に素早く行き渡る。

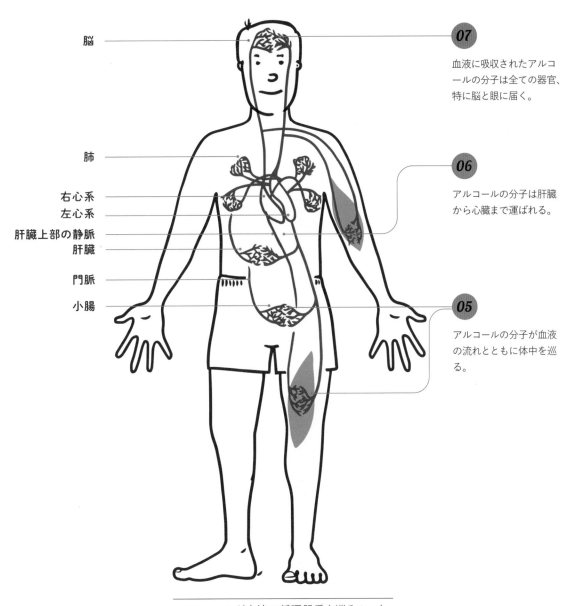

脳

肺

右心系
左心系
肝臓上部の静脈
肝臓
門脈
小腸

07

血液に吸収されたアルコールの分子は全ての器官、特に脳と眼に届く。

06

アルコールの分子は肝臓から心臓まで運ばれる。

05

アルコールの分子が血液の流れとともに体中を巡る。

アルコールが血液の循環器系を巡るルート

人体へのアルコールの影響

アルコールの作用

アルコールを他の人と同じ量排出できるか?

この点については個人差がある。肝臓は1時間に一定量のアルコール(15〜17mg)しか代謝できない。また人によって肝臓に含まれる代謝酵素の数が異なる。

空腹時 VS 満腹時

空腹の状態だと、アルコールが血液に入る時間が早まる。満腹の状態では、アルコールが血液に入るまで30分かかる。胃と腸が満杯の場合、アルコール吸収は90分ほどかかる。

ウイスキーがビールやワインよりもゆっくり吸収されるのはなぜ?

ウイスキーのアルコール濃度は20%以上である。胃壁が刺激されるため、胃から十二指腸への通過のための幽門弁が開くのに時間がかかる。ウイスキーを数杯続けて飲んだ時、アルコールの作用は後になって感じられる。

二日酔いの原因

アルコールは血液に入ると、まず水分の多い器官に広がる。血管が多い脳は真っ先に影響を受ける器官の一つである。そのため、お酒を飲むと頭が痛くなるというお馴染みの症状が起きる。

アルコールの作用

アルコールは体の様々な部位に即効で作用する。
- **心拍数と血圧**:少量の場合、心拍数と血圧が上がる。反対に過剰に摂取すると、心拍数と血圧が下がる。
- **腎臓**:水分が溜まり頻尿になる。
- **皮膚**:アルコールを摂取すると体温が上がるとよく言われるが、これは間違い。体表の温度のみが上がり、体温は下がる。
- **脳**:様々な脳機能に作用する。判断力、反応、運動の協調性が低下する。
- **喉が渇く**:アルコールは体内の水分の調節を司る脳の働きに影響する。脱水症状が起き、疲労、背中や首の痛み、頭痛などの症状が出る。

人体へのアルコールの影響

CARRIE NATION
キャリー・ネイション
（1846-1911）

アメリカのウイスキー産業を震撼させた女性。
酒場と常連客を慄かせた禁酒主義活動家だ。

アルコールに溺れて死んだ外科医の妻だったキャリーは、亡夫を飲んだくれの街に葬った後、禁酒主義の活動を始めた。目的は聖書を武器に酒類の販売を禁止することだった。この「黒衣の大女」は非常に精力的で、若さ、男性、セックス、タバコに対する反対運動も行った。ほどなくして屈強な婦人連盟を結成し、30人ほどの団体でバーの前に陣取り、宿敵に息をつく暇を与えないように、昼も夜も賛美歌を歌い続けるという活動を展開した。

最初はバーの店主も常連客も笑ってみていたが、次第に、地元の新聞に名前が載るのを恐れて、客が寄り付かなくなった。こうしてバーはがらがらになり、降参の合図として酒を道に捨てざるを得なかった。

キャリー・ネイションのもう一つの武器はまさかりだった。酔っ払いの頭をかち割るためではなく、勝利の際に酒樽や瓶を叩き壊すためだ。彼女の2番目の夫が冗談で、「もっと損害を与えるためにまさかりを使ってみてはどうだい？」と言ったところ、彼女は「結婚してから聞いたなかで一番まともな助言だわ」と答えたという。こうしてキャリー・ネイションの伝説は生まれた。1874年、彼女の意志を継いだキリスト教禁酒婦人同盟（WCTU）は、会員数5万人以上という大部隊に発展した。

テイスティングについて学ぶ

テイスティングで感じる印象は人によって違い、各人の個性がはっきりと表れる。慣れるまで時間がかかる繊細なテクニックだが、一度その喜びを知ったら、楽しくて仕方がなくなるものだ！

テイスティングとは？

テイスティングは感動をもたらす創造的な行為である。誰もが日々の習慣から抜け出し、新しい発見をすることができる。個々人の香りや味の記憶、そして感動の引き出しを驚くほど豊かにしてくれる私的な冒険でもある。最も難しいのは感じた印象を言葉で表現すること。個々人の内面で想像できないほど、いろいろなことが起こる。あなたがテイスティングで感じることは、他の人のものとは異なる。それぞれのテイスティングに物語がある。あなたはそれをそのまま感じ取ればよい。

脳との関係

ウイスキーと認知神経科学はあまり関係なさそう？　だが、研究者とウイスキー・メーカーは人が新しい香りをどのように感知するか、パッケージ、ウイスキーの色などの全ての他の要素が、香りと味の感じ方にどのように影響するかを理解するために共同で研究している。冗談ではなく、研究は実に真剣なものだ。

味わいの習得について

ビールやコーヒーを初めて飲んだ時のように、ウイスキーを初めて口にした時の記憶は、多くの場合、あまりよいものではない。それでは、多くの人が時を経てその味を好きになるのはなぜだろうか？　それは、何年もかけて繰り返し味わうことで、知覚した味や特徴を、好きなもの、嫌いなものに選り分けながら記憶の図書館に蓄え、習得していくことで、ものの感じ方が変化していくからだ。

G 　| **認知神経科学とは？**

認知の神経生理学的なメカニズム、つまり知覚、運動機能、言語機能、記憶、推論、さらには感情を研究する学術分野である。このために、研究者は認識心理学、脳機能イメージング、モデリング、神経心理学の知見に依拠している。

五感の働き

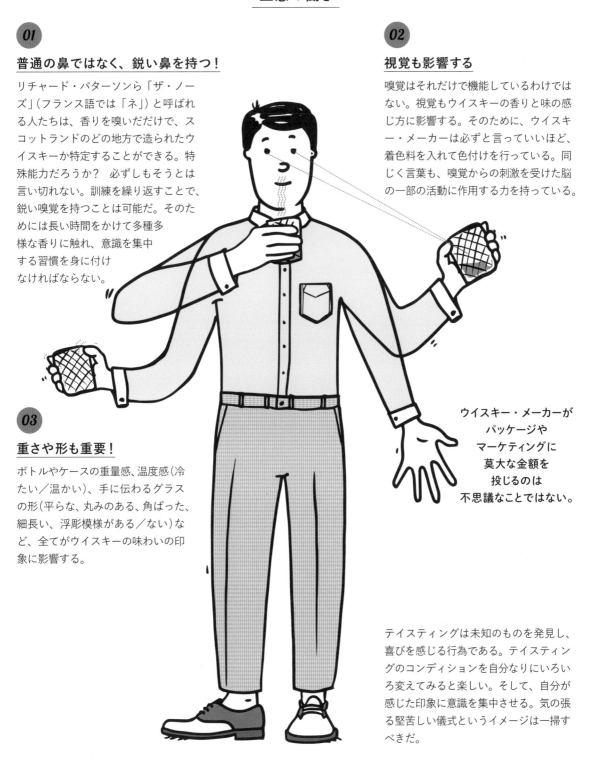

01

普通の鼻ではなく、鋭い鼻を持つ！

リチャード・パターソンら「ザ・ノーズ」（フランス語では「ネ」）と呼ばれる人たちは、香りを嗅いだだけで、スコットランドのどの地方で造られたウイスキーか特定することができる。特殊能力だろうか？　必ずしもそうとは言い切れない。訓練を繰り返すことで、鋭い嗅覚を持つことは可能だ。そのためには長い時間をかけて多種多様な香りに触れ、意識を集中する習慣を身に付けなければならない。

02

視覚も影響する

嗅覚はそれだけで機能しているわけではない。視覚もウイスキーの香りと味の感じ方に影響する。そのために、ウイスキー・メーカーは必ずと言っていいほど、着色料を入れて色付けを行っている。同じく言葉も、嗅覚からの刺激を受けた脳の一部の活動に作用する力を持っている。

ウイスキー・メーカーがパッケージやマーケティングに莫大な金額を投じるのは不思議なことではない。

03

重さや形も重要！

ボトルやケースの重量感、温度感（冷たい／温かい）、手に伝わるグラスの形（平らな、丸みのある、角ばった、細長い、浮彫模様がある／ない）など、全てがウイスキーの味わいの印象に影響する。

テイスティングは未知のものを発見し、喜びを感じる行為である。テイスティングのコンディションを自分なりにいろいろ変えてみると楽しい。そして、自分が感じた印象に意識を集中させる。気の張る堅苦しい儀式というイメージは一掃すべきだ。

グラスの選び方

◇◇◇◇◇◇◇◇◇◇◇◇◇

ウイスキーをよく吟味して選ぶことが重要なのは言うまでもないが、合わせるグラスを選ぶのはそれ以上に重要だ。ここでミスを犯したら、全てが台無しになる！　正装の会に靴選びを間違えて、スパイクシューズを履いていくようなものだ。

タンブラー・グラス

映画やドラマなどでよく出てくるグラスではあるが、ウイスキーの香味を楽しむのに最適だとは言えない。どちらかといえば、氷入りのカクテルを飲むときに使ったほうがよい。氷がグラスにあたる時のカランカランという音が心地よい。

コピータ・グラス

「カタビノ」グラスとも呼ばれ、ワイングラスとよく間違われる。もともとはシェリーを味わうためのグラスだ。香りを凝縮させるために口の部分が狭く、チューリップ型になっている。脚付きなので、手の温度でウイスキーが温まる心配がない。

グレンケアン・グラス

専門家になった気分に浸れる初のウイスキー専用グラス。その最大の長所は割れにくいこと。香りを開かせるために中央部が膨らんでいて、香りが外に拡散しないように口の部分が狭くなっている。

 グラスがウイスキーの味わいにどのように影響するか。

グラスはウイスキーを飲むための器である。だが、それだけではなく、香りを鼻で感知できるものでなければならない。ウイスキーの香りの開き方は、合わせるグラスによって異なる。グラスの中で香りが広がるための適切な空間が必要だが、あまり広すぎると、香りがすぐに飛んでしまう。口が狭まっているグラスであれば、より複雑な香りを鼻先で感じることができる。また、グラスの感触が伝わる手も、鼻と同様にシグナルを脳に伝達している。同じウイスキーでも、浮彫模様のあるグラスで飲むのと、表面が平らなグラスで飲むのとでは、違うウイスキーのように感じられるはずだ。そう、手の触感も味わいに影響するのだ。

最終的にどのグラスを選ぶ？

いろいろなグラスを試してみて、自分が最も心地よい気分になれるものを選ぼう。平凡なグラスのほうがより美味しく味わえるのであれば、プロ仕様のグラスを無理に選ぶ必要はない。

オールド・ファッションド・グラス

有名なカクテルの名を冠したグラス。クリスタル製のものが一般的で、ウイスキー、角砂糖、ビター、氷で作る古典的なカクテル、オールド・ファッションド用として1840年代に考案された。

クエイヒ

なかなかお目にかかれないが、ウイスキー発祥の地の人たちのように味わってみたいのであれば、一度試してみる価値がある。その形状はホタテ貝を連想させる。もともとは木製だったが、銀製、錫製へと変化した。

リッド（蓋）付きグラス

香りを閉じ込めるガラスの蓋の付いた、チューリップ型のグラス。ノージンググラスとも呼ばれる。スコットランドのグレンモーレンジィ蒸留所が最初にデザインを考案したという説がある。デザインが美しいため、ちょっとした演出効果もある。

 何よりもマーケティング

ウイスキーとグラスをセットにして商品化しているものもある。なかには、宇宙でウイスキーを飲むことのできる「反重力グラス」を開発したバランタイン社のように、とことんまで追求するメーカーもある。2015年のウイスキーの冒険譚と言えよう。

 色付きグラスは？

絶対に避けること。味覚は視覚にも影響される。透明度の高い、きれいに磨いたグラスを選ぶようにしたい。色付きグラスは何も知らない素人に任せておこう。

ボトルかデカンタか?

映画やドラマで、美しいデカンタに包まれて登場することの多いウイスキー。味わいに好ましい作用をもたらすのか? それとも視覚的な効果のみだろうか?

ワイン用のキャラフ

デカンタとキャラフを混同しないように! ワインの世界ではキャラファージュは、特に若いワインをキャラフに移し替えて、空気と接触させることである。キャラフの中で揺り動かすことで、ワインの香りが開き、飲みやすくなる。デキャンタージュは長熟のワインをデカンタに移し替えて澱を取り除くことである。

ウイスキーは完成品

ウイスキーの特色は、瓶詰めされたら完成品と見なされることだ。つまり、熟成年数が12年のものは、理想的な環境の地下室で寝かせたとしても、ワインのように熟成が進むことはなく、12年のまま変わらないということである。

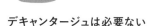

デキャンタージュは必要ない

ウイスキーはボトルの底に澱が溜まることはないので、デカンタに移し替える必要はない(ただし、一部のノンフィルターのウイスキーを除く)。また、ウイスキーを空気に触れさせるために移し替えるメリットもあまりない。その点ではグラスに注ぐだけで十分だ。唯一のメリットは、ラベルの付いたボトル、つまりテイスティングの時に先入観を与える情報のない状態で、ウイスキーを味わえることだろう。

それでもデカンタを使ってみたい?

映画、『英国王のスピーチ』のジョージ6世のように、ウイスキーを優雅にたしなみたい? それではここで、デカンタ選びのアドバイスを少々。

美しいデザイン

心を魅了するデザインを選ぼう。それが一番の目的なのだから。眺めても触れても心地よく、グラスに流れる液体の優しい音も堪能できるデカンタがよい。

優れた密封性

空気の出入りを防ぐ、密封性の高い栓が付いたタイプを選ぶ。ウイスキーが蒸発してしまってはデカンタを使う意味がない。

十分な容量

ウイスキーボトル1本の容量は約700mlであることをお忘れなく。それよりも小さいデカンタが数多く存在する。

ウイスキーを注ぐ姿が様になるウイスキー・デカンタ

TAYLOR DOUBLE OLD FASHIONED –
RAVENSCROFT CRYSTAL
テイラー・ダブル・オールド・ファッションド
レイヴンスクロフト・クリスタル

LEXINGTON
レキシントン

GLOBAL VIEWS
グローバル・ヴューズ

 ## クリスタル製のデカンタには、残念ながら注意が必要

憧れのクリスタル製のデカンタをやっと手に入れて心が躍る。とっておきのウイスキーを早く注ぎたくなるのは無理もない。でも焦りは禁物。クリスタルの問題は鉛が含まれていることだ！ どんなに美しくても健康には問題である。クリスタル製のデカンタは鉛を可能な限り取り除くために、使用前の7日間、アルコール溶液で満たしておく必要がある。さらに、ウイスキーの保存用としてではなく、各人のグラスに注ぐためのサーバーとしてのみ使用するべきだ。クリスタルに何週間も接触していると、ウイスキーに影響する鉛の量が人にとって有害になる恐れがある。高級感はやや劣るかもしれないが、鉛の含有量が20％以下のクリスタリン製のデカンタもあり、このタイプはウイスキーをすぐに入れても問題ない。

水の選び方

◇◇◇◇◇◇◇◇◇◇◇◇◇◇

ウイスキーに水か氷を加えるべきか？　これは何度も繰り返される問いだ。まずは適切な情報を入手しよう。

ウイスキー造りにおける
水の重要性

ウイスキーの味わいには、水が深く関係している。最初に水と接触するのはマッシング（糖化）の段階で、グリスト（細かく挽いたモルト）と温かい仕込み水をマッシュタン（糖化槽）に入れて混ぜ合わせる。また、仕上げの瓶詰めの時に、アルコール度数を40〜46%に落とすために加水もしている。

ウイスキーを水で割る？
とんでもない！

純粋主義者はグラスの中に他の物を加えることをかたくなに拒む。そうすることで、蒸留所が最高と考える条件で、樽本来の香味の全てが封じ込められた「生粋の」ウイスキーを味わえると思い込んでいる。彼らは自分たちが正しいと信じ込ませるための話術を身に付けている。だが彼らには残念なことだが、こうした考え方は廃れてきている。

水を加えるとどうなる?

ウイスキーを味わう時に水を加えると興味深い発見がある。化学反応が起こり、ウイスキーが開花し、香りと味の特徴が変化する。テイスティングをする時は、まず加水しない状態で味わい、徐々に水を加えて違いを比べてみる。

どの水を選ぶ?

ウイスキーに加える水は何でもいいわけではない。水道水は、塩素の味がウイスキーの香味を変化させ、覆い隠してしまうのでおすすめできない。一方で、一部の蒸留所で使用されている、純度の高いスペイサイド・グレンリベットなどのスコットランドの水もあるが、難点はなかなか手に入らず、お高いということだ。ウイスキー愛好家が辿り着いた妥協点はボルヴィックである。このミネラルウォーターなら、近くのスーパーでいつでも買うことができる。

グラスに氷を入れたらどうなる?

水とは反対に、氷を入れるとウイスキーの香りが閉じる傾向にある。テレビドラマや映画で、ビジネスマンがロックグラスに氷を入れて、ウイスキーを注ぐイメージが定着してしまった。確かにビジュアル的には様になるが、その味わいは冷蔵庫で冷やし過ぎた白ワインと同じ結果になる。氷を入れると、ウイスキーの清涼感は高まり、喉が焼けるような感覚は和らぐが、ウイスキー本来の複雑な香味は、再び温度が上がらないと開いてこない。手頃な価格帯のアメリカのブレンデッド・ウイスキーやバーボンであれば、それほど問題ではないだろう。実際に、氷を入れて飲むものとして開発されているものも多い。

水を入れる量は?

加える水の量については厳密な決まりはない。まず数滴加えてみる。グラスを時々揺らしながら数分待つ。それから味を見る。香りと味わいが一番豊かに感じられる希釈のレベルが見つかるまで、数滴ずつ加え続ける。嗅覚と味覚には個人差があるので、ウイスキーをよりよく味わうために友人よりも2倍の水が必要だとしても気にしないように。プロの品評会の場合、より多くのアロマが開花する平均値として、アルコール度数が35%になるまで水を加えるのが慣例だ。

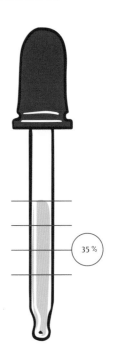

35%

ソープストーンとは?

ウイスキーに冷やした石を加えるというまた別の飲み方がある。「未開の地で採掘された数千年前の石」という宣伝文句以外は、そのメリットは限られている。どうしても冷たいウイスキーをお望みなら、ウイスキーボトルを数時間、冷蔵庫で冷やすほうがまだよいだろう。

テイスティングの3ステップ

用意するもの

INAO※規格テイスティンググラス　1個
ウイスキー　20mℓ

場所

まず居心地のよい空間を探そう。暑すぎず寒すぎず、騒音のない場所にゆったりと腰を据える。準備が整ったら始めよう。

作法

テイスティングを始める直前に、ウイスキーをグラスに注ぐ。前もって注ぐと、より揮発しやすい香気成分が飛び、感じ取れなくなる。ウイスキーをグラスに注いだ後に帽子を被せる人もいる。演出効果はあるかもしれないが、テイスティングにはあまり有益ではない。

※原産地の呼称を管理している、フランスの公的機関

色

テイスティングは、まずウイスキーを観察することから始まる。だが、見かけにあまり騙されないように。琥珀色の色味は、樽熟成の度合いの影響も少しあるが(蒸留直後の液体は無色透明)、瓶詰めの際に添加される着色料によるところが大きい。マーケティング戦法の一つと言える。

外観

涙 グラスを軽く回して、グラスの側面を伝って流れ落ちる、ウイスキーの涙の状態を観察する。その粘性と形状から、ウイスキーのスタイルや熟成年数を推定することができる。涙が細く流れ落ちるものは若く、軽やかなタイプ、涙が太く、ゆっくりと流れ落ちるものは年数の経った、濃厚なタイプと言うことができる。

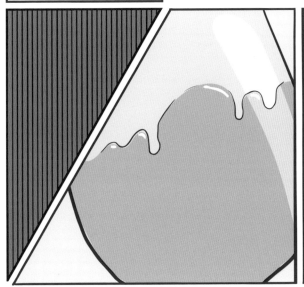

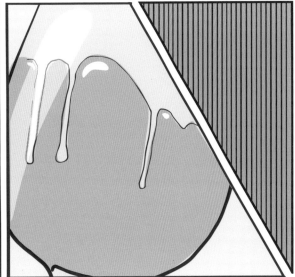

香り

ステップ 1

ウイスキーはアルコール度数が高いお酒なので、鼻をすぐに近づけると嗅覚が麻痺してしまう恐れがある。ウイスキーを注いだグラスを鼻から40cmほど下の位置で、真っ直ぐ持つ。グラスを軽く回して香りを開かせ、しばし待つ。グラスを徐々に鼻に近づけ、最初の香りを感じたら、そこで手を止める。この香りは一度しか感じられないので存分に楽しむ。

グラスを鼻から10cmほどの位置まで上げて、軽く傾ける。ここで感じる香りは「第一香」と呼ばれる。最も揮発しやすいフルーティーな香気と溌剌としたアルコールの香りが感じられる。

最後に、鼻をグラスの内側の上部に沈め、ウッディーまたはスパイシーな香りを感じ取る。

ステップ 2

グラスを横にして、指先で回しながら、ウイスキーがグラスの内壁全体に広がるようにする。
グラスを横にしたまま、鼻をまずグラスの下の縁に近づけて、上の縁へと移動させる。
グラスの下の縁の部分ではスパイシー、アーシー、モルティーな香りが際立ち、上の縁の部分では揮発性のより高い果実と花の香りが感じられる。

ステップ 3

グラスを水平になるように持ち、鼻をグラスの外側の中央部に近づける。こうすることで最も繊細な香りを感じ取ることができる。この動作を初めて見る友人たちは、奇妙なことをするといぶかしむかもしれないが、テイスティングが終わる頃には、このテクニックを教えてもらったことに間違いなく感謝するだろう。

味わい

香りを堪能すると口の中に唾液が出てきて、ウイスキーを早く味わいたいという衝動にかられる。だが焦りは禁物。急いで飲むと何の香りも味も感じられず、せっかくのテイスティングが台無しになる。

余韻

ウイスキーを飲み込んだ後も香りが口中に残る長さ、つまり「フィニッシュ」にも意識を集中させる。短いか、ほどほどか、長いか、など余韻の長さも評価する。

加水するタイミングは?

ストレートのウイスキーの香りと味わいを評価したら、水を数滴加えて、同じプロセスを繰り返す。さきほどはそれほど感じられなかった、隠れていた香りの一部が開き、鼻と口の中にふわっと広がる。より多くの香りを感じ取るために、水を一滴ずつ加えていく。水を入れ過ぎて、ウイスキーが薄くなり過ぎないように気を付ける。それぞれの香りを嗅ぎ分けることができなくなったら、一休みして外の空気を吸い、冷たい水を一口飲む。コンディションを整えてから再開

口に含む

まずごく少量のウイスキーを口に含み、舌で転がしたり、口蓋に打ちつけたりして、口内全体を巡るようにする。この時、何か言葉を発してみるのもよい。ウイスキーがどこまで行き渡るか(前方、中央、後方)によって味わいの印象が変わってくるので、舌は重要な役割を果たす。

口中香

ウイスキーを飲み込むときに後鼻腔性嗅覚で香りを感じる現象のことである。なんだか小難しい用語だが、つまりは香りが喉の奥から鼻に抜ける時に感じられることである。口中香ともいう。この香りを感じた後に、グラスの中のウイスキーを再び鼻先で嗅ぐと、香りが微妙に違って感じられるから不思議だ!

するのがよい。最後に、他のウイスキーのテイスティングに移る時は、その前に必ず水を一口(あるいは一杯)飲んで口の中をすすごう。

Ⓖ 唾液腺の役割

ウイスキーを嗅いだら、あるいは少し口に含んだら、唾液が出やすくなる? これは正常な反応で、むしろウイスキーをよりよく味わうことができる生理現象だ。ウイスキーに含まれるアルコールが唾液と混ざり合い、よりまろやかな味わいになる。

Ⓖ テイスティングの時は、吐き出すべき?

これにはいろいろな意見がある! ウイスキーが喉を通らなければ、その特徴の全てを評価することはできないという人もいるだろう。いずれにせよ、自分の思うままに味わったほうがよい。飲み込む派は、最後に腰が立たなくならないように、テイスティングするウイスキーの種類を少なめにしたほうがよい。

ウイスキーのフレーバー

人によって印象が違い、新たな発見をもたらしてくれるウイスキーフレーバーの世界は実に魅惑的だ。100以上ものフレーバーが系統別に分類されている。香りのパレットが最も豊かなお酒の一つである。

難解な香りの分類

香りについては、一般に認められた的確な描写方法がない。同様に、測定と定義づけが可能な基本の香りというものもない。文化的な違いも加わるため、香りの表現には頭を悩まされることが多い。香りは物体と同じように知覚、習得、記憶されるもので、映像や音などの他の感覚や感情、思い出などと深く結びついている。嗅覚は最も本能的な感覚で、視覚や聴覚と違い、細部に集中することが難しい。

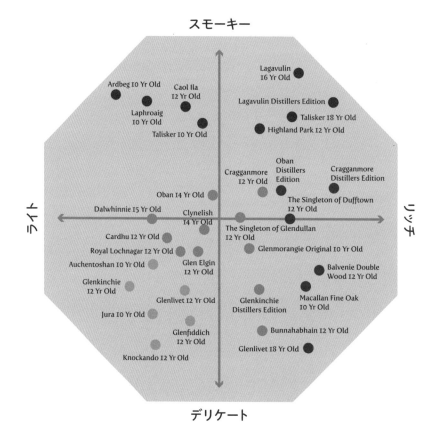

フレーバーマップ
英国のディアジオ社が開発したもので、縦軸がスモーキー⇔デリケート、
横軸がライト⇔リッチの4方位チャートになっている。
ウイスキーのジャングルのなかで迷わないための道標として役立つ。

フレーバーホイール

100以上もの香りがあるなかで、何の香りかを嗅ぎ分け、言葉で表現することはそう簡単なことではない。幸いなことに、1970年代にスコットランドの生産者が共通の指標を作ることに合意した。スコッチ・ウイスキー・リサーチ・インスティテュートがこのプロジェクトを任され、1978年に初版のフレーバーホイールを作成した。チーフブレンダー2名と化学者2名が1年以上かけて完成させたものである。

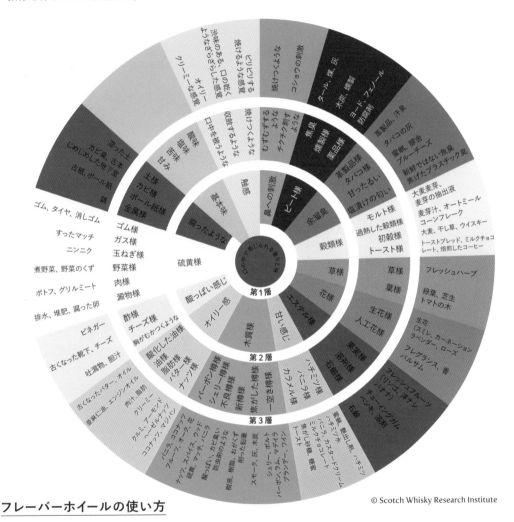

© Scotch Whisky Research Institute

フレーバーホイールの使い方

内側から第1層、第2層、第3層という3つのディスクで構成されている。最もシンプルなのは、グラスの中のウイスキーから実際に感じられるアロマを表記した一番外側の円から始めて、中心の円へと遡っていくことである。この他にも、2000年に作成された2つのバージョンのホイールがあり、そのうちの一つは、第1層で香りを10系統に分類し、ウイスキーの濃厚さを1〜3段階で示す形式となっている。全てはテイスティングのプロになるためのツールである。

 アメリカン・ウイスキーの場合は？

香りを5大系統に分類した、バーボン専用のフレーバーホイールがある。

様々なスタイルのウイスキー

スコッチ、バーボン、ライなどは造り方が異なるため、それぞれ個性の異なる味わいになる。
どれが一番よいかは、個人の好みの問題だ。

バーボン・ウイスキー

フレーバー

バニラのニュアンスを帯びた
ウッディーでまろやかな味わい。

製造条件

製造地：アメリカ合衆国
トウモロコシの割合：51％以上
樽熟成：最低2年
アメリカンオークの新樽による熟成。
樽詰め前のアルコール度数は62.5％以下。

熟成年数

2〜8年
新樽で最低2年以上
熟成させる。

代表的な銘柄

Maker's Mark
（メーカーズマーク）

テネシー・ウイスキー

フレーバー

柔らかなウッディ感のあるまろやかな味わい。

製造条件

製造地：アメリカ合衆国、テネシー州
トウモロコシの割合：51％以上
樽熟成：最低2年
リンカーンカウンティ・プロセスで濾過。

熟成年数

2〜4年
最低2年以上樽熟成させて、
チャコールフィルターで
濾過する。

代表的な銘柄

Jack Daniel's
（ジャックダニエル）

 リンカーン・カウンティ・プロセス

このプロセスが生まれたのはアメリカ合衆国のリンカーン郡だが、いつ、どのように発明されたかはまだ
謎のままである。3mほどもあるサトウカエデの木炭層で、ウイスキーを何日もかけてゆっくりと濾過す
る技法である。こうして得られたスピリッツは個性的な香味を備え、より一層まろやかな味わいとなる。
テネシー・ウイスキーとバーボン・ウイスキーの違いは、このプロセスにある。

スコッチ・ウイスキー

フレーバー

ピーティー（スモーキー）感のあるフルーティーな香味。

製造条件

蒸留地：スコットランドの蒸留所
樽熟成：最低3年
瓶詰め時のアルコール度数：40％以上

熟成年数

3〜30年
あるいはそれ以上
少なくとも2回蒸留する。
バーボン樽またはワイン樽で
最低3年間熟成させる。

代表的な銘柄

Jonnie Walker
（ジョニーウォーカー）

ライ・ウイスキー

フレーバー

軽やかでスパイシー。ほのかな苦味。

製造条件

製造地：アメリカ合衆国
ライ麦の割合：51％以上　樽熟成：最低2年
蒸留液のアルコール度数：80％以下

熟成年数

2〜10年
新樽または使用済みの
樽で、最低2年間
熟成させる。

代表的な銘柄

Knob creek
（ノブクリーク）

カナディアン・ウイスキー

フレーバー

軽やかなタイプもあれば、深いコクのあるタイプもある。
バラエティー豊か。

製造条件

蒸留地：カナダ
樽熟成：最低3年
瓶詰め時のアルコール度数：40％以上

熟成年数

新樽または
使用済みの樽で、最低でも
3年間熟成させる。

代表的な銘柄

Canadian Club
（カナディアン・クラブ）

アイリッシュ・ウイスキー

フレーバー

まろやかな甘み。焦がしたハチミツの風味。

製造条件

蒸留地：アイルランド
樽熟成：最低3年
蒸留液のアルコール度数：98.4％以下

熟成年数

3〜12年
バーボン樽または
ワイン樽で最低でも3年間
樽熟成させる。

代表的な銘柄

Jameson
（ジェムソン）

テイスティングノート

美味しいものを食べたり、飲んだりして、この上ない喜びを一度も感じたことがない人はいないだろう。その時の感動を探し求めているのに再会することができず、がっかりすることも少なくない。テイスティングノートの目的は、まさにこの感動を逃がさないように書き留めることである。香りや味から感じたことを言葉で表すことは、なかなか難しく、気力が必要だ。だが、その感動は再び見いだした時、何倍にも強くなることだろう。

初級者の場合

慣れない体験で緊張しやすくなっているので、複雑なノートを使わないほうがよい。大切なのは好きな特徴と嫌いな特徴をすぐに書き留めること。例えば、「スモーキーな香りが強すぎる」、「繊細な口当たり」、「淡い色調」など。読み返した時に理解できないような回りくどい表現を使うべきではない。明快な言葉で表現する。他の人の感想に影響されないように。友人が「桃と焼きリンゴの香り」を感じたとしても、自分はそう感じなかったのであれば書き記さないこと。採点法はシンプルにしたほうがよい（1～10点式、または星の数で評価）。

初歩的なミス

- **蒸留所名しか書き留めない**：一つの蒸留所で平均10銘柄ほどのウイスキーを造っているため、蒸留所名だけではどの銘柄か分からない。
- **走り書きをする**：ミミズのような字が残るだけで、後で判読できなくなる。
- **すぐに書き留めず、後回しにする**：いろいろな印象が混ざり合い、最悪の場合、何も書けなくなる。
- **購入場所を記さない**：同じウイスキーを見つけるのに苦労する。
- **急ぎ過ぎる**：時間をかけて評価することで、より多くの香味を感じ取り、言葉で表現しやすくなる。
- **ノートを読み返さない**：埃まみれになるだけなら必要ない。

```
┌─────────────────┐
│    ／ ／         │
└─────────────────┘
```

蒸留所／メーカー／その他の識別情報：

銘柄：

購入場所：

好ましい特徴：

好ましくない特徴：

採点：　　　　／10

初級者向けのテイスティングノートの例

サプライズを楽しむ

同じウイスキーでも印象が日によって違うことはよくある。その日の気分、感覚、状況に左右される。テイスティングで一番大切なのは、グラスの中のウイスキーから感じるものをじっくりと堪能することだ。

上級者の場合

テイスティングに慣れてきたら、より詳細な評価へと移行する。感じ取った特徴をさらに追求し、より深い喜びを味わう。以下は、シンプルかつ充実した内容のテイスティングノートの一例だ。

色

フレーバー

蒸留所／メーカー：

銘柄：

購入場所：

熟成年数：

アルコール度数：

鼻先で感じた香り

口中で感じた香味

後味と余韻

スパイシー
1　2　3　4

ヨード
1　2　3　4

ピーティー
1　2　3　4

ウッディー
1　2　3　4

フローラル
1　2　3　4

フルーティー
1　2　3　4

テイスティングノートの保管方法は？

きちんと分類して保管する。分類の仕方はいろいろある。

産地別	タイプ別	アルファベット順	年代順	好きなもの順
	ブレンデッド・ウイスキー、シングルモルトなど。	蒸留所の名称（またはブレンデッドの場合はブランド名）	このためには優れた記憶力が必要。	「かなり好き」、「少し好き」、「嫌い」などの順に分類。自分の好みのウイスキーと好きな理由を把握するのに役立つ。

テイスティングしたウイスキー全体をまとめたファイルを作る。

専門家の場合

評価項目がプロの領域に近づいているが、完璧主義者ならば、全てを分析したいと思うだろう。

/ /

蒸留所／メーカー：　　　　　　　　　アルコール度数：

銘柄：　　　　　　　　　　　　　　　価格：

購入場所：　　　　　　　　　　　　　補足情報：

熟成年数：

蒸留日：　　　　　　　　　　　　　　グラス：

色

鼻先で感じた香り

第一香の強さ：　／10　　印象：

■ 柔らかい　■ スモーキー　■ あまやか　■ シェリー香　■ 酸味がある

■ ワイン　　　　　■ ピューレ　　　■ モルト
■ アルコール　　　■ オートミール　■ イースト　■ 小麦粉
■ オイル
■ チョコレート
■ ヘーゼルナッツ
■ 酒精強化ワイン

穀類様

■ ナッツ
■ ベークドフルーツ
■ フレッシュフルーツ
■ 柑橘類
■ 溶剤

ワイン様　　　　**果実様**

木質様　　　　　　**花様**
■ 古木　　　　　　　　　　　　　　■ フレグランス
■ 新材　　　　　　　　　　　　　　■ 緑葉
■ トースト　　　　　　　　　　　　■ 草木
■ スパイス　　　　　　　　　　　　■ 干草
■ バニラ　**硫黄様**　　　**ピート様**
　　　　■ 硫黄　　　　　■ 薬品
　　　　■ 砂　　　　　　■ 塩水
　　　　■ ゴム　　　　　■ 苔
　　　　■ 沈殿物　　　　■ 燻製
　　　　　　余溜臭
　　　　■ プラスチック
　　　　■ 革　　　■ ハチミツ
　　　　■ タバコ　■ バター

コメント：

口中で感じる香味、触感

味	テクスチャー		印象	
■ 塩味	■ ドライ	■ クリーミー	■ オイリー	■ リッチ
■ 甘み	■ ライト	■ マイルド	■ クリーン	■ バランスの取れた
■ 酸味	■ オイリー		■ シンプル	■ 複雑な
■ 苦味				

　　　　　　　　■ ピューレ　　　■ モルト
■ ワイン　　　　■ オートミール　■ イースト　■ 小麦粉
■ アルコール
■ オイル
■ チョコレート　**穀類様**
■ ヘーゼルナッツ
■ 酒精強化　　　　　　　　　　　■ ナッツ
　ワイン　　　　　　　　　　　　■ ベークドフルーツ
　　　　　　　　　　　　　　　　■ フレッシュフルーツ
ワイン様　　　　**果実様**　　■ 柑橘類
　　　　　　　　　　　　　　　　■ 溶剤

木質様　　　　　　**花様**
■ 古木　　　　　　　　　　　　　　■ フレグランス
■ 新材　　　　　　　　　　　　　　■ 緑葉
■ トースト　　　　　　　　　　　　■ 草木
■ スパイス　　　　　　　　　　　　■ 干草
■ バニラ　**硫黄様**　　　**ピート様**
　　　　■ 硫黄　　　　　■ 薬品
　　　　■ 砂　　　　　　■ 塩水
　　　　■ ゴム　　　　　■ 苔
　　　　■ 沈殿物　　　　■ 燻製
　　　　　　余溜臭
　　　　■ プラスチック
　　　　■ 革　　　■ ハチミツ
　　　　■ タバコ　■ バター

コメント：

後味

余韻の長さ

とても　　　短い　　　程々　　　長い　　　とても
短い　　　　　　　　　　　　　　　　　　　長い

口中香

■ ドライ　■ モルティー　■ スモーキー　■ ワイン　■ シロップ　■ オイリー

バランス
（鼻先で感じる香り、口中で感じる香味と触感、後味のバランス）：

コメント：

WILLIAM PEARSON
ウィリアム・ピアソン
（1761-1844）

アメリカ合衆国にバーボンだけでなくテネシー・ウイスキーが存在するのは、
ウィリアム・「ビリー」・ピアソンという人物に負うところが大きいと言われている。

伝 説によると、全ての始まりは、ビリーが母親から受け継いだトウモロコシのウイスキーのレシピだった。その特別な味の秘密は、サトウカエデの木炭層で濾過し、オークの樽で熟成させることにあった。

このレシピが家族の秘伝にとどまっていたら、物語はここで終わっていただろう。だが、ビリーの運命は数奇なものだった。ある日、泥棒に対抗するために銃を買ったが、運が悪いことに彼の行為はクエーカー（キリスト友会）から容認されず、追放されることになった。

妻子とともにバプテスト教会の村に逃れたが、彼のウイスキー造りは猜疑の目で見られ、中止するよう命じられた。ビリーはこの命令に反発し、また村を追われることになった。テネシー州に行くことを決意したが、妻は一緒に行くことを拒んだ。夫妻は離婚し、年の大きい子供4人が彼と旅立ち、年の小さい子供4人が妻のもとに残った。

ビリーはリンチバーグ近郊のデービー・クロケットに近いビッグ・フラット・クリークに移り住み、そこでアルフレッド・イートンなる人物にレシピを売った。彼はそのレシピを紙に書き写し、後に世界的に有名となるジャックダニエル蒸留所に売ったと言われている。

テイスティングを終えて

ウイスキーの色と涙を観察し、グラスに鼻を近づけて香りを嗅ぎ、口の中に何度も含んで味わったら、テイスティングはほぼ終了だ。だが、グラスが空になったからベッドへ直行、というわけにはいかない！

仲間と感想を述べ合う

何度語っても話が尽きることはない。テイスティング会は意見交換の場でもある。終了時に、仲間と気に入ったウイスキー、気に入らなかったウイスキー、その理由などを十分に語り合う。また、ボトルの写真を撮るなどして、特に魅了されたウイスキーをすぐに見つけられるようにしておくとよい。

最後に空になったグラスを嗅いでみる

グラスをすぐに洗わないほうがよい理由がある。グラスの底に残ったウイスキーからも様々な香りが感じられる。これを見過ごすのはもったいない。テイスティングの数時間後に、もう一度グラスを嗅いでみる。例えば、オクトモア（世界一ピーティーなウイスキー）の場合、テイスティングしてから数か月経ってもグラスに香りが残っていることがある。その力強さに圧倒される。

グラスの洗い方

洗剤の香りがグラスに残らないように、熱湯だけで洗ったほうがよいと言う人もいるが、あまり衛生的ではない。また時間が経つにつれて、油分や垢がグラスに付着していく。
ベストな方法はごく少量の洗剤で手洗いし、きれいな水で隅々まですすぐことだ。水滴の跡が残らないように、すぐに清潔な乾いた布でグラスを拭く。湿った布で拭くと、グラスにカビ臭さが残るので要注意だ！

グラスの片づけ方

グラスの口を上にして収納棚にしまう。グラスを逆さにして置くと、棚の匂いがグラスの中に籠り、次のテイスティングに影響する可能性がある。グラスを段ボール箱に入れると嫌な匂いが付くので避けるべき。

蒸留所／メーカー／その他の識別情報
銘柄
購入場所
好ましい特徴

好ましくない特徴

採点　　　／10

蒸留所／メーカー／その他の識別情報
銘柄
購入場所
好ましい特徴

好ましくない特徴

採点　　　／10

蒸留所／メーカー／その他の識別情報
銘柄
購入場所
好ましい特徴

好ましくない特徴

採点　　　／10

テイスティングノートの分類・保管

「疲れたから後で片づける」というのは失敗のもと。全てがまぜこぜになって訳がわからなくなるのが落ちだ。重い腰を何とか上げて、ノートをその場で整理し、後で取り出しやすいようにしておく。

ウイスキーの残量を確認する

次回のために、ボトルの中の残量を1本ずつ確認する。残量がボトルの1/3以下の場合、他のボトルよりも先に味わって早めに空にするか、小さな容器に移し替える（空気量が少なくなる）。

水をたくさん飲む

テイスティング後に飲む水はいつもより味気なく、ウイスキーの余韻にもっと長く浸っていたいと思うかもしれない。だが、頭痛などの二日酔いの症状を避けるためには大量の水を飲む必要がある。

次のテイスティング会に備える

テイスティングが終わったら、次回試してみたい産地などについて仲間と話し合う。P.84で紹介したディアジオ社のフレーバーマップなどは、特徴が似ているウイスキー、あるいは正反対のウイスキーを見つける際の目安となるだろう。

タクシーを呼ぶ

飲酒運転するとどうなるかは、皆さんよくご存じだろう。誰かに運転を任せて、頭の中でスコットランドやアイルランドを旅しながら家路に就くほうが何倍も心地よいはずだ。

二日酔いの予防と対処法

テイスティングをするたびに決まって思うこと。それは「どうしたら、二日酔いにならずに済むか」だ。頭痛、吐き気、疲労感、腹痛、筋肉の痙攣など、様々な症状に見舞われる。お酒は液体だとしても体の脱水症状を引き起こす。これが二日酔いの原因だ。

03

翌朝：
ビタミンと亜鉛を摂る

果物と野菜を摂るとよく、アルコールの過剰摂取で失われたビタミンを補給することができる。また牡蠣好きであれば、その中にたっぷり含まれる亜鉛がよく作用する。相棒である肝臓の回復には大根が特に効果的だ。

02

就寝前：
1ℓの水を飲む

テイスティングの際にウイスキーと水を交互に飲んでいたとしても、就寝前の水分補給は欠かせない。お酒を飲んでから眠ると夜中に何度も目が覚めるので、ミネラルウォーター1本分の水を用意したほうがよい。

01

テイスティング中：
ウイスキーを一杯飲むごとに
コップ一杯の水を飲む

お酒が翌日（その日の晩）に残らないようにするためのベストな方法。アルコールの摂取で起こる脱水症状が緩和される。

ジョルジュのレシピ

ビタミンAとC、ミネラル、水分が豊富なオリジナルのフルーツジュースを紹介する。以下の材料をミキサーにかける。

皮をむいたオレンジ：1個	キウイ：1個
パイナップル：1/2個	ライム：1/2個
メロン：1/2個、またはスイカ1/4個	キュウリ：1/2個

大きなグラスに氷を入れてジュースを注ぐ。

セルジュ・ゲンズブールのレシピ

アルコールに夢中だったゲンズブールは、一説によると有名なウォッカベースのカクテル、ブラッディ・マリーで二日酔いを解消していたという。

 翌日（終日）

一日中、水分をこまめに取る。もう水は飲めないという場合は、スープかハーブティーにする。ただしコーヒーは避けること。ビタミンが豊富なバナナやオレンジを食べるようにしよう。
腹痛がある場合はコップ1杯の水にスプーン1杯の重曹を溶かして飲むとよい。

 **翌日の夕方
（まだその元気がある場合）**

友人と食前酒を楽しむ。毒をもって毒を制す、だ。でも、その翌日のことを考えて控えめに。

 二日酔いの特効薬

日本では、二日酔いの特効薬としてウコンベースの飲料をすすめられることが多い。西洋では香辛料として使用されている薬草で、抗酸化、抗炎症作用があるとされている。この国には、スイカ、甘草、さらにはしじみエキスなどをベースとした様々な秘薬があるので、興味があればぜひ試してみてほしい。

ウイスキークラブ

キルトを着用した初老紳士の会というイメージが強いが、愛好家の会はウイスキーの世界をさらに極めるための絶好の機会でもある。

ウイスキークラブの選び方

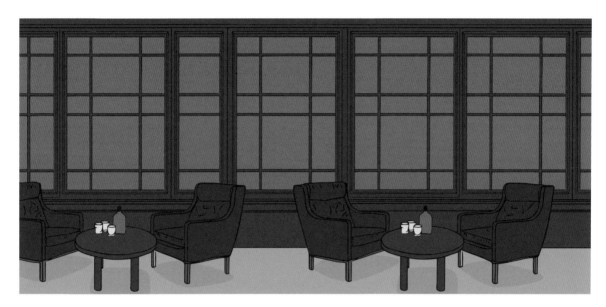

● **レベルに合わせて**：家から比較的近いという理由だけで選ぶものではない。まずは入門者も受け入れているかなど、クラブのレベルを調べる。ワクワクする気持ちで入会したはいいものの、一回目のテイスティング会で不愉快な思いをしたという人も少なくない。

● **ウイスキーのセレクションに合わせて**：テイスティング会でしかお目にかかれないウイスキーを提案する特殊なクラブがいくつかある。自分たちでボトリングしたウイスキーを出すこともあり、会員向けに限定販売している場合もある。

ジョルジュのおすすめ －ウイスキーライブ

世界最大のウイスキーイベント（上海、ニューヨーク、パリ、ロンドンなどで開催）。13年前に始まったパーティー形式のイベントで、160種類以上ものウイスキー（バーボンから希少なものまで）をテイスティングできる。プログラムの内容はテイスティング、マスタークラス、カクテルバーなど。ウイスキーファンであれば見逃せないイベントだ。

ジョルジュの豆知識 － ウイスキー・ア・ゴーゴー

ウイスキーの愛好家が集うクラブではなくて、ナイトクラブのことだ！「ウイスキー・ア・ゴーゴー」は、もともとは第二次世界大戦後に海兵で賑わったパリのディスコティックの名称だった。そのコンセプトは米カリフォルニア州のウェスト・ハリウッドへと渡った。ローリング・ストーンズがカバーした「ゴーイング・トゥ・ア・ゴーゴー」という曲はこのディスコで生まれた。ジム・モリソンもドアーズもここでライブを行った。当時の警察からは、「何かと騒動が起こる場」として睨まれ、若者に悪影響を与えるとして店名を変えるよう命じられたこともある。ナイトクラブとして今も存在するが、当時の活気はもう見られない。

地方都市

地方の大都市には、より密やかなウイスキークラブが存在する。お近づきになるためには、まず地元のウイスキー専門店に相談してみるとよい。大抵の場合、情報を持っている。

The Scotch Malt Whisky Society／ザ・スコッチモルトウイスキー・ソサエティ

1983年にエディンバラで発足した世界最大のウイスキー愛好家団体で、その会員数は世界全体で3万人を超える。スコットランドのほぼ全ての蒸留所から特別なウイスキーを仕入れ、テイスティング会で提案している。専門家による品評を経た原酒を、蒸留所から樽単位で直接買い取り、瓶詰めを行っている。

そのボトルには「ザ・スコッチ・モルト・ウイスキー・ソサエティ」の名が刻まれ、会員のみが購入できるようになっている。ソサエティは財政上の問題でグレンモーレンジィ社に買収され、その後民間の投資会社の手に渡った。会員になるには推薦状が必要だったが、数年前から入りやすくなっている。

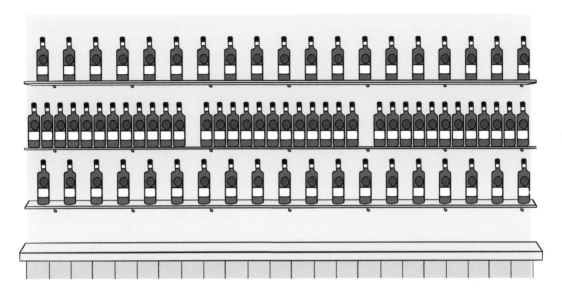

自宅で楽しむ：ザ・プライベート・ウイスキー・ソサエティ

フランスで生まれた新しいコンセプト。次の2つのサービスがある。
● テイスティングセット（5つの小瓶）の配送を頼み、専用の手引きを見ながら一人静かに楽しむ。
● 友人と楽しみたい場合は、経験豊かな講師を自宅に呼んで、テイスティングのレッスンを受けることができる。

テイスティングに慣れ親しむための方法としてはとてもよいアイデアだ。そのうちに、テイスティング会のホストとしての立ち居振る舞いを身に付け、自分自身のウイスキークラブを立ち上げることもできるかもしれない。

至高のウイスキー

数万円もするボトルを手に入れる冒険をしてみたい？　この世界には、時には数百万円を優に超える稀有なウイスキーが存在する。高額にもかかわらず、市場に出ればすぐに争奪戦になるほどの人気ぶりだ。

至高のウイスキーとは？

全てのウイスキーが等しいわけではないのは当然のことだが、ウイスキーが「至高」たりえるにはどのような条件が必要なのか？　例えば、数十年前に閉鎖して、もう製造を行っていない「幻の蒸留所」製の残り少ないボトルなどは希少価値が高いだろう。一方で、現在も稼働中の蒸留所製のものであっても、その蒸留所特有の香味特徴と樽熟成の効果が前例にないほど見事に調和した逸品も、特別なウイスキーとなりえる。この場合、希少な限定ボトルとして売り出される。このように、コレクショナーや専門家を魅了する様々な要因が存在する。

至高のウイスキーの購入方法は？

稀有であるだけに、なかなか見つからない。特別な1つの樽の原酒のみでボトリングしたウイスキーは、本数が限られる。年代物になればなるほど、樽熟成の蒸発分が多いため、必然的にボトルの本数が少なくなる。貴重と見なされるウイスキーは世界全体で数百本しかないと言われている。だからこそ、その発掘に興味がある場合は、スタートラインで優位に立つことが肝心である、例えば、専門店に「アロケーショ

ン」と呼ばれるストックを持つことが可能か尋ねてみるとよいだろう。
他にも世界的なオークションサイト（www.whiskyauctioneer.com）で探すという方法があるが、取引額がどうしても高くなってしまう。有能な投資家が、購入額の倍以上の金額で転売することもよくある……。年代物のウイスキーを専門としているwww.thewhiskyexchange.comも優良なサイトだ。

手が届かない夢のウイスキー

THE MACALLAN RED COLLECTION
ザ・マッカラン・レッドコレクション
価格：975,756＄

2020年11月にロンドンのサザビーズ・オークションに出品された時、推定落札価格は200,000£とされていた。しかし、世界中のバイヤーがこの幻のコレクションをめぐって、予想をはるかに超える争奪戦を繰り広げ、その結果、落札価格は756,400£（975,756＄）まで跳ね上がった。この利益は、廃棄食品の削減を目的としたボランティアグループ、「シティ・ハーヴェスト・ロンドン」（City Harvest London）に寄付された。レッドコレクションはヴィンテージボトル6本で構成され、それまで一度も世に出たことのなかった74年、78年のボトルが含まれている。

THE MACALLAN FINE AND RARE 60 ANS
ザ・マッカラン・ファイン＆レア 60年
価格：1,900,000＄

No.263。この樽番号を聞いて、狂喜しない専門家はいないだろう。1926年蒸留、1986年瓶詰めのウイスキーで、この樽の原酒のみで仕上げられた40本のうちの1本である。
市場にはまだ14本残っていると想定されており、オークションに出品される度に前回を上回る高値が付き、最高記録が塗り替えられている。

YAMAZAKI AGED 55 YEARS
山崎55年
価格：605,244£

破格の価格が付くには、それだけの理由がある。2020年8月、香港で開かれたボナムズのオークションで、ジャパニーズ・ウイスキーでは史上最高の605,244£（約8515万円）という新記録を打ち立てた。
サントリー社製のこのウイスキーは、この世に100本しか存在しない。日本国内在住の消費者に向けて抽選を行い、当選者のみに販売されたプレミア品である。

NC'NEAN AINNIR
ノックニーアン・アニア
価格：41,004£

愛好家の熱い視線は古酒だけでなく、若いウイスキーにも向けられている。注目を集めたのは、スコットランド、ハイランド地方のノックニーアン蒸留所が2020年に世に出した自社初のウイスキーであるのだから、初々しい、と言ってもいいだろう。記念すべきボトル第1号は「ウイスキー・オークショナー」（Whisky Auctioneer）によるチャリティー・オンラインオークションで、41,004£で落札された。新しく開業した蒸留所第1号ボトルのなかで過去に最高値を記録したのは、アイルランドのティーリング・ウイスキー蒸留所（Teeling Whiskey Distillery）のものだったが、アニアはその4倍も上回る価格で記録を塗り替えた。

 ## ウイスキー投資に見られる詐欺行為

数年後により高値で売れると期待して、やみくもに手を出すのは危険だ。不正取引のシステムを介してウイスキー投資を持ちかける詐欺師も少なくなく、高リスクの商品も出回っている。ウイスキーをめぐる詐欺行為は金融当局が警告を発するほどの問題になっている。究極のウイスキーに敬意を表する最良の方法は、投機をすることではなく、心ゆくまでじっくり味わうことである。購入時よりも値が下がったとしても、そのウイスキーが至高の逸品であることに変わりはない。

N°3
ウイスキーを買う

　　この世界には多種多様なブランド、銘柄のウイスキーが存在するので、何を買ったらいいか途方にくれてしまう。だが、ある程度の指標と攻略法を押さえるだけで、自分だけのホームバーを手早く作ることができる。貯金を崩さなくても、友人たちの羨望を集めることができるのだ！

シチュエーション別、ウイスキーの選び方

お酒を楽しむ時と場所によって、飲みたいウイスキーのタイプも変わる。ここでは例としていくつかのシチュエーションを挙げてみる。

ディスコ（クラブ）

スコットランドの高級なシングルモルトを選ぶべきではない。それよりもケンタッキーのバーボン、スコットランドのブレンデッド・ウイスキーに氷を入れて飲むスタイルを選んだほうがよい。グラスのなかのフレーバーよりも場の雰囲気のほうに意識が集中するような場面では、銘柄よりも価格が最も重要だ。

カクテル

カクテルにするのだから、ウイスキーの質にはそんなにこだわらなくても、というような思い込みはNGだ。並以下の材料からは、並以下のカクテルしかつくれない。ただし、ウイスキーのタイプには注意したほうがよい。ピート香が強すぎるウイスキーは他の材料の風味をかき消してしまう。反対に、まろやかすぎるウイスキーでは、他の材料とのバランスが悪くなってしまう。スコットランド、日本のブレンデッド・ウイスキーや、アメリカのメーカーズマーク（Maker's Mark）、ライ・ウイスキーなどが適している。ボトル1本で4,000円～5,000円ほどだ。

仕事の後の一杯

ウイスキー好きであれば、誰にでも心を奪われた特別なウイスキーがあるだろう。ただ残念なことに、昨今のウイスキーブームで、価格が跳ね上がった、品切れで見つからない、などの理由で、他のウイスキーに替えざるを得ないということがよく起こる。その場合、例えば次のような選択肢があるだろう。

● オン・ザ・ロックで飲むバーボン

● スコットランドの熟成年数の表示がないシングルモルト（NAS）。熟成年数の表示のあるシングルモルトと同じ運命を辿ることのない、いつまでも市場に存在するタイプだ。

長い間、食前酒として飲まれていたが、ウイスキーの出番は増えている。食事に合わせるお酒としても、食後酒としても楽しむことができる。また葉巻を吸う場合、ラム酒とのマリアージュほどには知られていないが、ウイスキーと葉巻のマリアージュも実に素晴らしいものだ。

大嫌いな人と飲まざるを得ない時

選択肢は3つある。カスクストレングス(65%)をそうとは知らせずに、水で割らないで出す。その強烈なアルコール度数で、敵は目に涙を浮かべるに違いない。ただし、ウイスキー通であれば、喜ばれるかもしれないので逆効果だ。他には、インディアン・ウイスキーを出すという手もある。ただし、非常によいものもあるので要注意。ウイスキーに似ているが、実は糖蜜から蒸留されたものを選ぶ。最後に、スーパーマーケットで2,000円以下のボトルを出してもよいだろう。いくら探してもこの価格帯で美味しいものはほぼ見つからないからだ!

義父母に好印象を与えたい時

いろいろな可能性がある。タスマニア、台湾、スウェーデンなどの珍しい国や地域のウイスキーであれば、新鮮な驚きがあるに違いない。彼らのお気に入りの銘柄の幻のボトルでもうまく行くだろう。ただしこの場合、ウイスキー専門店、インターネット、さらにはオークションなどで探し回らなければならない。あまり好きになれない義父母であれば、上の段落を参照のこと。

バカンス気分に浸りたい時

どこかへ旅に出て、太陽の香りがするアペリティフを味わいたい気分の時には、どのようなウイスキーがいいだろうか。全てはバカンスをどこで過ごしたことがあるかによる。フランスであれば、幸運なことに多くの地方(ブルターニュ、ノルマンディー、ロレーヌ、シャンパーニュ……)でウイスキーが造られている。海外であれば、選択がやや難しいが、地球の向こう側の国のウイスキーを選べば、遠い異国を旅している気分になれるだろう。

ウイスキーラベルの読み方

ラベルは、いまから飲もうとしているウイスキーの香味の特徴を十分に教えてくれるものではない。ラベルはウイスキーを選ぶときにじっくり眺めるものだ。

法定表示

 バーボンの特殊性

アルコール度数が「プルーフ」という単位で表示される。1プルーフは0.5%に相当する。したがって、86プルーフ＝43%である。

アルコール度数

お酒に含まれるエタノールの体積の割合を示す。フランスでは○○％vol.、アメリカでは○○％ABV、その他の国では○○％のように表す。

内容量

リットル(ℓ)、センチリットル(cℓ)、ミリリットル(mℓ)で表す。

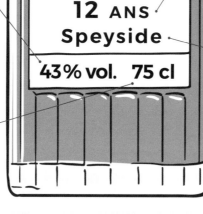

任意表示

任意ではあるが、豊富な情報が表示されており、ウイスキー選びに役立つ。

銘柄

シングルモルトの場合は蒸留所の名称が、ブレンデッド・ウイスキーの場合はブランド名が表示される。

熟成年数（酒齢）

ボトルの中に含まれる複数の原酒のなかで、最も若い原酒の熟成年数を表示する。例えば、12年と記されたボトルは、熟成年数が12年の原酒が当然含まれているが、それより年数の経った原酒も調合されていることが多い。これは、ウイスキーにより深みを与え、蒸留所のスタイルを引き出すためである。

原産地に関する情報

「スコッチ・ウイスキー」という表示は、スコットランドで製造、瓶詰めされたウイスキーであることを保証する。「テネシー・ウイスキー」はアメリカのテネシー州で製造されたことを示す。スコットランドのシングルモルトには、生産地方名(スペイサイド、ハイランド、ローランド、キャンベルタウン、アイラ)の表示が義務付けられている。

 NAS（ノン・エイジ・ステートメント）の躍進

ボトルのラベルに熟成年数が表示されていないとしても、それは何かの間違いではない。熟成年数を表示しないノン・エイジ・ステートメント(NAS)タイプのボトルということだ。熟成年数が長い原酒のストックが枯渇し、消費量が世界中で増加しているため、蒸留所は若い原酒を使う必要性にかられている。ボトル中のウイスキーの80%が、熟成年数の長い原酒で構成されているのに、熟成年数が5年の若い原酒が配合されているがために、5年と表示するのはなんとも惜しいことだ！　酒齢の長いウイスキーが高級品となっている一方で、NASは規格品のように見なされている。蒸留所はこの未開拓の地へ足を踏み入れ、育成または熟成の専門家を迎え入れて、その底力を発揮すべき時を迎えている。NASのウイスキーは、年数表示のあるウイスキーよりも味が劣るのだろうか？　必ずしもそうとは限らない！　アイラや日本のNASのなかには、より成功しているものもある。ただ、全ての蒸留所に同じことが言えるわけではない……。

その他の情報

カスクストレングス

瓶詰めする時に加水していないことを示す。アルコール度数は50％以上。通常、配合されている原酒の樽番号が記載されている。

スモールバッチ

厳選された少数の樽（約10種類）の原酒をブレンディングしたもの。このテクニックはアメリカで広く採用されている。

シングルカスク

単一の樽の原酒のみを瓶詰めしたウイスキー。通常、樽番号と瓶詰めの日付が併記される。

ナチュラルカラー

着色料無添加。

熟成に使用した樽の種類

「フィニッシュ」と記載されている場合、熟成の最終段階で、原酒が別の種類の樽に移し替えられたことを意味する。ウイスキーに異なる香味を加えることが目的（シェリーカスクあるいはバーボン・バーレルなど）。

ファーストフィル

バーボンやシェリーなどの熟成に1度使用した樽（空き樽ともいう）に、初めてウイスキーを詰めて熟成させたもの（一般的により高価。シェリー樽はさらに値がはる）。樽の香味成分の影響がより強く表れる。

ウイスキーを買う場所

ウイスキーを買うこと自体は簡単だが、品質と価格のバランスがよいボトルを見つけるのは、なかなか難しい。

スーパーマーケット

ウイスキーボトルがぎっしり並んだコーナーを素通りすることは難しい。

難点：あまり名の知られていないブレンデッド・ウイスキーが多い。ただ、その中から、他のボトルに負けない手頃な価格で、隠れた逸品が見つかることがある。

なぜスーパーマーケットでよいボトルを仕入れているかというと、市場調査で、男性がウイスキーボトルを1本、カートに入れると、一緒に買い物をしている女性も自分のためのご褒美を買う傾向にあることが分かっているからだ。

ウイスキーフェア

ワインフェアと同じコンセプトで、スーパーマーケットはウイスキーも含まれるお酒のフェアを開催している。お気に入りのボトルを特価で買える機会でもあるが、やみくもに飛びつかないよう注意しよう。商品そのものよりもマーケティングを重視しているイベントも多い。

インターネット

ネットで見つからないものはほぼない。ウイスキーもその例に漏れず、飲めないような不味い粗品から、希少価値の高い逸品まで何でも揃っている。十分な時間があって、欲しい品がはっきりと分かっているのならば、ウェブサイトはあなたの頼もしい友になるだろう。数年前からもう販売されていないウイスキーでさえ見つかることがある。

おすすめのフランスのウェブサイト：

CDISCOUNT.FR	UISUKI.COM/FR/	WHISKY.FR
アドバイスはあまり期待できないが、非常に魅力的な価格のウイスキーが見つかる（店頭価格が70€のものが20€引きなど）。なかなか見つからないウイスキーも提案している。	ジャパニーズ・ウイスキーを探している人のためのサイト。扱っているのは日本産のウイスキーのみ。日本（とそのウイスキー）に魅了された人たちが運営しているサイトで、異国情緒があり、とてもよいコメントを掲載している。	フランスの専門店、「メゾン・デュ・ウイスキー」が運営するサイト。間違いなく、品揃えが最も充実しているウェブショップだ。さらに、各人のプロフィールに合ったものを探すことができる検索機能がある。

スーパーマーケットで購入できる銘柄（例）

LAPHROAIG／ラフロイグ
10年、ピーテッド

ABERLOUR／アベラワー
12年、シェリー樽熟成

GLENFIDDICH／グレンフィディック
12年、典型的なスペイサイド・スタイル

専門店

頼りになる店主は、あなたのウイスキー観をすっかり変えてしまう存在になるかもしれない。その情熱と知識で、よき先生として我々をこの驚くべき世界へと導いてくれる。

よい専門店の見分け方とは？

よい店と悪い店を一目で見分けるのは難しい。店に入った時にチェックすべきポイントをいくつか紹介しよう。

01

客に以下を尋ねる。
- 自宅用か贈り物か。
- ピート香の強いウイスキーを好むかどうか。
- どの価格帯のウイスキーを探しているか。

02

試飲用のボトルをいくつか用意している。客の感想を聞いて、好みかどうかを尋ねる。

03

ウイスキーや蒸留所について熱心に説明する。商品をよく知っていれば、それぞれの個性を何時間でも語ることができるものだ。

04

自分が最近、テイスティングしたウイスキーについて目を輝かせて語り、しかもそれを客に押し売りすることがない。

店の大きさは重要？

ウイスキーの品揃えが豊富な店は結構あるが要注意。数を優先させる大きな店よりも、品数は多くないが良質なものを厳選し、個性の異なる様々なスタイルのウイスキーを揃えている店を選んだほうがよい。

ホームバーのつくり方

～～～～～～～～～～～～～～～

自分の好みと予算に合わせて、とっておきのホームバーを作ってみよう。ウイスキーを選ぶときは、不快な驚きを避けるためにも、専門店やバーでまず必ず味を見てから購入することをおすすめする。

作戦を練る

パニックにならないように。何も綿密に練る必要はなく、方向性を決めるだけでよい。

大きく分けて、2つのオプションがある。

自分が好きな銘柄をすでに知っていて、お気に入りのボトルを中心にホームバーを構成したい場合：最も簡単な方法は、専門店に行ってその銘柄を伝え、アドバイスを受けることだ。

それぞれのスタイルを代表するボトルを一通り揃えたい場合：右の図は一例である。

スペイサイドのシングルモルト

ピーテッド・ウイスキー

シェリー樽熟成のウイスキー

バーボン

その他の生産国のウイスキー
（インド、オーストラリアなど）

スーパーマーケットで選ぶ

適切なアドバイス、購入前の試飲、特別な銘柄、というものは期待できないが、良質なボトルがお得な価格で販売されていることがある。ホームバー初心者向けのウイスキーをいくつか提案する。

シングルモルト

Laphroaig	Glenfiddich	Aberlour	Talisker
ラフロイグ	グレンフィディック	アベラワー	タリスカー　10年
10年	12年	12年	（ただし、希少になっている）

ブレンデッド・ウイスキー

Johnnie Walker Black Label	Ballantine's
ジョニーウォーカー	バランタイン
黒ラベル	17年

専門店で選ぶ

魅力的なボトルを手に入れるのに、貯金を使い果たす必要はないが、1本あたり平均約6,000円はかかる。例えば、グレンドロナック（GlenDronach）12年、ベンロマック（Benromach）10年、ラフロイグ・クォーターカスク（Laphroaig quarter cask）などがある。

カクテル用のウイスキー

カクテル用のウイスキーを1本用意しておきたい。お気に入りの高級なシングルモルトをシェーカーに注ぐことは避けるべきだ。ただし、何でもいいわけではなく、品質のよいものを選ぶ。ブレンデッド・ウイスキーやバーボンなどが適しているだろう。

01

不味いウイスキーを2/3、よいウイスキーを1/3という割合で調合する（たとえ全部捨てることになっても、ダメージが少ないため）。

02

必ず目盛り入りグラスを使用する。

03

ブレンドしたウイスキーをグラスに入れてフタをし、数時間置く。

悪夢のようなウイスキーに、2種類以上の他のウイスキーをブレンドする。

ひどいウイスキーをどうにかしたい？

どうにも不味いウイスキーが、ホームバーの片隅に残ってしまったという経験は、おそらく誰にでもあるだろう。友人からの贈り物か、間違って買ってしまったものか。いずれにせよ、その味を思い出すだけで、身震いしてしまうほどのものだ。だが、そんなウイスキーでも、ごみ箱行きから救う方法がないわけではない。他のウイスキーとブレンドしてみるという方法だ。ただし、1回で成功する魔法のレシピはないので、友人にすすめられる成果物を得られるまで、何度も失敗を繰り返すことになるだろう。上記の図のように、3つのステップを試してみてほしい。

テイスティング・キット

予算が限られていて、ボトル1本を買う前に、自分の好みを把握しておきたいという人もいるだろう。そんな場合は、数種類のウイスキーが入ったミニボトルのセットを

試してみるといい。1本に2杯分の量が入っている。多くのブランドがお試しキットを提案している。少ない予算でウイスキー選びが楽しめるよいアイデアだ。

ウイスキーの保存方法

お酒全般に共通して言えることだが、ウイスキーの保存にも守るべき条件がある。それに従って保存すると、ウイスキーをよりおいしく味わうことができる。

ワインボトルと同じ保存方法？　絶対NG！

ウイスキーをワインと同じ方法で保存しても、ほぼ間違いなく、何の得にもならないだろう。ご存じの方も多いだろうが、ワインボトルは地下室などで横に寝かせて保存し、ある程度時間をかけて熟成させて、アロマをさらに引き出す。そして通常、一度開栓したら24時間ほどで風味が低下していくお酒だ。ウイスキーはそれとは全く異なり、私たちがボトルを購入する時にはすでに完成品なのである。熟成年数が15年のものは、15年のまま変わることはなく、地下室などでさらに10年寝かせても熟成が進むことはない。

温度

ウイスキーボトルの保管には地下室やセラーなどは必要ない。一度開栓したら、しっかり栓をして、20℃前後の室温で保管すれば十分だ。

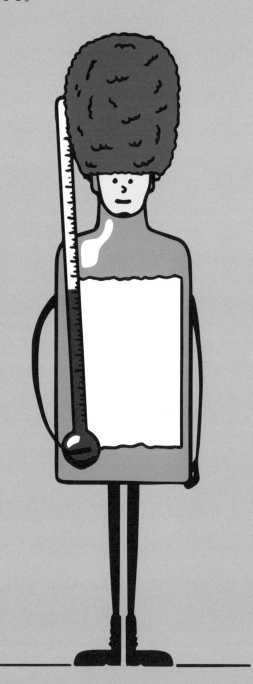

保存期間

密封性のよい栓をしっかり閉めて、良好な状態で保存すれば約10年は持つ。注意すべき点は、ウイスキーの世界にも欠陥のあるコルク栓が存在するということだ。アルコール度数の強い（60%以上）スピリッツの場合、コルク栓が乾燥してしまうことがある。開栓してから時間が経っているウイスキーボトルがあれば、コルク栓の状態を定期的にチェックすることをおすすめする。コルク栓が割れて、その欠片がウイスキーの中に入ってしまうと、心地よい味わいが損なわれる。必要に応じて、空いたボトルの状態のよいコルク栓などと交換したほうがよい。

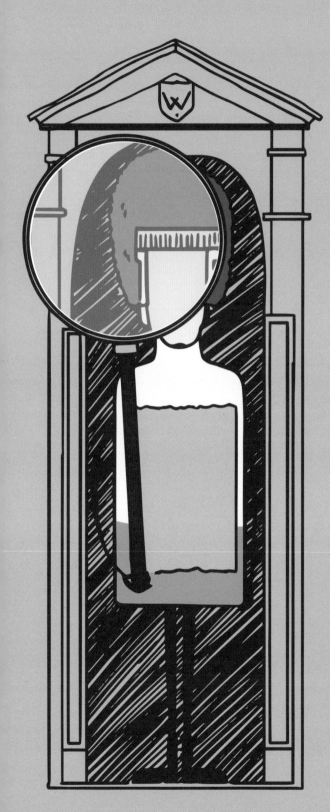

開栓後の保存方法

開栓したら空気がボトルの中に入り、ウイスキーと接触する。そうすると酸化が起こり、ウイスキーの風味に変化が生じる。ボトル中の空気量が多ければ多いほど、酸化が進む。ウイスキーの量がボトルの1/3ほどになったら、その年中に全て飲み終えるか、小さなガラス容器に移し替えたほうがよい（この場合、容器にラベルを貼るのをお忘れなく！）。

横か縦か？

開栓前でも後でも、ボトルは必ず縦にすること！ 横に寝かせると、ウイスキーが栓（主にコルク栓）と接触する。これは絶対に避けるべきだ。

日当たりは？

ウイスキーボトルの多くが、筒型または箱型のケース付きで販売されているのは、マーケティング上の効果のためであることは間違いない（美しい外観は人目を惹く）が、ウイスキーを日光から守るためでもある。ケースが付いていない場合は、収納棚などに入れておく。風味だけでなく色も変わるのを防ぐために暗所で保存する。

栓の役割

栓はボトルの口を塞ぐ役目しかないと思いがちだ。それはもちろん正しいのだが、そこにはいろいろな驚きがある。

ワイン VS ウイスキー

ワインの場合、ボトルを横に寝かせて、コルク栓を常にワインに触れさせ、湿った状態にしておくことが重要となる。こうするとコルク栓が膨張し、気密性が高まるからだ。まことしやかに言われてきた説とは反対に、ワインはコルク栓を通して呼吸する必要はない。またコルク栓は一度開栓したら無用となる。ウイスキーの場合、コルク栓はアルコール度数が40%以上、さらには60%以上もあるスピリッツに耐えるものでなければならない。開栓後も数十年は長持ちし、ウイスキーの蒸発を可能な限り防ぐことのできるものが必要だ。さもなければ、不快な驚きが待っていることだろう。

コルク臭のするウイスキー？

カビ臭いコルク臭は、ワインにのみ関係する問題だと思っていないだろうか？ ワインほど多くはないが、コルク臭の付いたウイスキーに遭遇することもある。この特徴は鼻で嗅いだ時にも感じられるが、口に含んだ時に特に顕著に感じられる。腐ったヘーゼルナッツ、湿った段ボール紙のような味がする。時には、コルク栓にカビが生えていることもある。このようなウイスキーに当たったとしても慌てないように。通常は、そのウイスキーを購入した店に持って行き、コルク臭を確認してもらえば、新しいボトルと交換してくれるはずだ。

コルクが途中で割れてしまった？

長い間保存していたウイスキーボトルの開栓は慎重を要する。手際が悪い、あるいは運が悪いと災難がふりかかる……。
途中で割れたコルク栓を前に呆然としないためにも、「冒険野郎マクガイバー」のように、身近にある次の道具で難を乗り切ろう。
● よく洗ってすすいだウイスキーの空き瓶とよい状態のそのコルク栓（乾燥しすぎても、湿りすぎてもいないもの）
● ウイスキーの中に落ちたコルクの屑を取り除くための小さな漉し器
● 瓶首に引っかかったコルクの塊を引き抜くためのワインオープナー
瓶首に残ったコルク栓を斜めにではなく、垂直に引き抜くように注意する。栓と瓶首の間に力をかけすぎると、コルクがさらに脆くなる。

ウイスキーボトルは常に縦置き！

ボトルを横に寝かせたほうがよいと思うかもしれない。コルク栓が乾かない＝開栓時に割れない……。しかし、これはウイスキーにとっては最悪の保存方法だ。アルコール度数があまりに高いため、アルコールがコルク栓の成分を吸収してしまい、ウイスキーのフレーバーが変わってしまうリスクがある！

コルク栓はウイスキーで湿らせるべき？

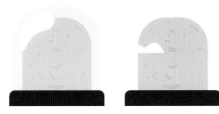

湿らせた状態　　　　乾いた状態

コルク栓が乾かないように、ボトルを時々逆さにして、ウイスキーで湿らせたほうがよいとする専門家もいるが、皆がこの説に賛成なわけではない。コルク栓の屑がウイスキーに混ざる、さらにはコルク栓が脆くなるリスクがある。それでも試してみるかどうかはあなた次第だ！

封蠟が施されたウイスキーボトル

栓の部分が封蠟で覆われたウイスキーボトルに出合うことがきっとあるだろう。見た目が美しく、伝統を感じさせてくれるものだが、これを開けるとなるとかなり難しく、なかなかのテクニックを要する。

ここでは、楽に開けられるコツを紹介する。
1. ワインオープナーを蠟ごとコルク栓に突き刺す。
2. 栓を半分ほど引き抜く。
3. 蠟をナイフで削り取る（このステップを省くと、ウイスキーに蠟の屑がたくさん浮かぶことになるので要注意）。
4. 栓を完全に引き抜く。初心者の方は、栓をゴミ箱に捨ててしまいがちなので要注意。貴重なボトルのために必ず取っておくこと。

 | **アイルランドの「コルク」**

コルク（Cork）は、アイルランド最大の蒸留所であるミドルトン蒸溜所（Midleton Distillery）のある県の名前でもある。この蒸留所ではなんと、年間1,900万リットル以上のアルコールが生産されている！　有名な銘柄として、ジェムソン（Jameson）、パディ（Paddy）、タラモアデュー（Tullamore Dew）などがある。

マーケティング戦略

ウイスキーは伝統と男と女の歴史である。だが、言葉によるまやかしの歴史でもある。

美しすぎる話に注意

ストーリーテリングという技がある。商品にまつわる物語を練り上げ、様々な形式で消費者に伝え、印象付ける手法だ。特にフランスでは、エヴァン法でアルコール飲料の宣伝広告が制限されているため、多くのメーカーが好んで使っている。だが、物語が素晴らしいからといって、ウイスキーもそうであるとは限らない！

誇大表現

自社のウイスキーを、「格別」、「希少」、「プレミアム」、「生粋」などと自画自賛するメーカーは少なくないが、実際には、その賛辞のレベルに達していないウイスキーもある……。

セレブリティのお墨付き

モード界のアイコンにもなっている、英国の偉大な元サッカー選手が愛するウイスキー、多くの大物政治家に選ばれたウイスキー……。多くの蒸留所が自社のウイスキーが最高と信じさせるために、有名人を起用する戦略を用いている。ウイスキー選びの時にあまり影響されないように。自分の舌で味わってから選ぼう！

オートクチュールのドレス級の豪華なケース

メーカーが最も力を入れている戦法のひとつは、ボトルを包むケースである。ケースの第一の目的は、ウイスキーを日光から守ることである。だが、メーカーは毎年、あれこれと趣向を凝らして、特別感のあるケースを提案している。父の日、クリスマス、ブランドの誕生記念日など、どんなイベントでもよい。熱狂的なケースコレクターでない限り、見た目に振り回されないように。

フランスのエヴァン法とは?

1991年に施行されたエヴァン法は、アルコールとタバコの依存症防止を目的とした法律である。具体的には以下を禁止している。
- 若年層向けの出版物での宣伝広告。水曜日終日、および他の曜日の17時〜深夜0時のラジオCM。
- テレビ、映画館でのCM。
- アルコール飲料のメリットを提示、象徴、誇張する印刷物またはグッズの未成年への配布。
- スポーツ関連施設でのアルコール飲料の販売、提供、持ち込み(スポーツイベントでの飲食店の営業許可は、申請制で付与される場合がある)。

ウイスキーガイド

ウイスキーをレビュー付きで紹介するガイドブックが増えている。実際に、ウイスキーの下調べをして、新しい銘柄を試してみるにはとても便利なツールである。

難点:レビューの基準が曖昧なことが多い。たった一人の評価に過ぎないこともある。また、同じウイスキーでも、あるガイドでは評価が高く、他のガイドでは低いということもよくある。先にも述べたが、香りと味わいの感じ方には個人差がある。最も議論を巻き起こしているガイドブックは、ジム・マーレイ著の「ウイスキー・バイブル」であろう。2016年版では、ランキングの上位5位に、スコッチ・ウイスキーがひとつも入っていなかった。

世界最高峰のウイスキー

世界一のウイスキーは○○国、△△国のもの、というようなランキングを掲載した出版物が、1か月という間隔もあけずに、次から次へと出ている。このランキングは重要なのだろうか? 答えはNoだ。1週間後には、別の生産国について新しい記事が掲載される。記事の後には、そこで紹介されたブランドの全ページ広告がドーンと掲載されている。これを見れば、そういうことか、とわかるだろう。

進化するウイスキー

ウイスキーは数世紀に及ぶ長い歴史を誇るスピリッツであるが、テクノロジーの進歩が、驚くべき革新をもたらす可能性にも注目すべきだろう。

研究所生まれの「分子ウイスキー」

地球温暖化が大麦を含む穀類の生産に影響を及ぼし、ウイスキーの製造にも打撃をもたらす可能性がある。アメリカ、ミネソタ州立大学環境研究所のディーパク・レイ研究員は、世界で最も重要な農作物の生産に対する温暖化の影響を研究し、気温の上昇が一部の穀類の生産に悪影響をもたらすことを実証した。

この問題に対処すべく、カリフォルニア州のエンドレス・ウェスト社（Endless West）は、大麦も長い熟成年月も必要としない、研究所内で数日間で仕上げることのできるウイスキーを開発した。「グリフ」（Glyph）と名付けられたこの「ラボ・ウイスキー」は、熟成後のウイスキーと同じ成分（糖、エステル、酸）を植物や果物、木材などから抽出し、試験管の中で混ぜ合わせて造られる。短期間かつ低コストで完成するウイスキーは、開発者によると、名だたる銘柄のウイスキーに生化学的に類似しているという。これはサイエンス・フィクションの世界の話ではない。「グリフ」はアメリカと香港ですでに販売されている。

人工知能（AI）で造られたウイスキー

AIはいまやいたる所に存在する（交通機関、金融、公衆衛生など）。それは誰も予期していなかった、ウイスキーの世界にも進出している！ 開発者はスウェーデンのマックミラ蒸留所（Mackmyra）である。マスターブレンダーであるアンジェラ・ドラジェオ（Angela D'Orazio）の監督下で、マイクロソフト社と共同開発したAIで造られた世界初のウイスキーは、スウェーデン語で「知能」を意味する「インテリジェンス」（Intelligens）と命名された。このAIにはマックミラ蒸留所の各種レシピ、販売実績、消費者の嗜好傾向などの様々なデータが集積されている。しかし、今はまだ始まりでしかない。このデータベースを使えば、7千万以上の新レシピを創り出すことが可能であるのだから！

偽造防止のためのブロックチェーン

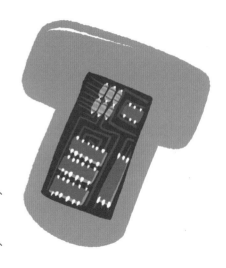

市場規模が75億ドルを超え、希少な銘柄が数万ユーロで取引されるスコッチ・ウイスキー市場では、偽造行為が年々増加している。スコットランド当局はこの状況を指をくわえて見ているわけではなく、自国のウイスキーを守る政策に取り組んでいる。その方法とは、希少価値が特に高いボトルの栓の部分に、偽造防止のIT技術を搭載するというものである。生産と流通の全ての履歴を記録できる耐改ざん性のブロックチェーンと、その情報を読み取ることのできるNFCタグを組み合わせることで、ウイスキーのトレーサビリティー、真正性を保証することが可能となる。蒸留年月を保証するために、ラジオカーボンデーティング（放射性炭素年代測定法）で測定し、その後でボトルの栓の部分にNFCタグを搭載し、ボトル1本1本にデジタルIDを付与する。この技術を用いれば、飛び切り高価なウイスキーボトルが正真正銘、本物であるかどうかを確認することができる。

ウイスキーの情報を得るための二次元コード

購入するウイスキーの全てを知りたい？　大麦の収穫地、その自然環境、製造元、さらには蒸留工程に関する情報など？　現代では二次元コードを使って、トレーサビリティーを高めるためのありとあらゆる情報を収載、閲覧することが可能である。

海底熟成

ウイスキー熟成のために様々な種類の樽材を試し、さらには海辺に熟成庫を移して、その影響を研究する生産者もいる。さらには、海底で熟成を試みる生産者も出てきている。潮の流れや泳ぎ回る魚の動き、船の通過などで水中に伝わる振動がウイスキーの味わいに好作用をもたらすことが確認されている。

価格

小さな白い値札には、価格以上の情報が隠されている！

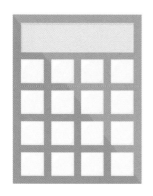

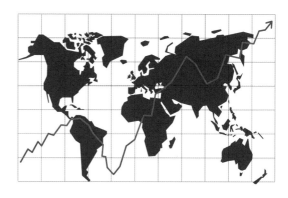

ウイスキーと税金

ウイスキーには、消費税とは別に酒税が加算される。フランス語で「accise」、英語で「excise」というが、この語は17世紀には、飲料にかける税金を意味していた。市民たちは酒税と常に闘ってきた。1794年にアメリカでウイスキーに税金がかけられることに反発した移民たちによる大規模な暴動は「ウイスキー戦争」と呼ばれる。

現在の日本におけるウイスキーの1ℓあたりの税金は370円。さらにアルコール度数が1度上がるごとに10円ずつ上がるのだ！

ウイスキーに投資？

良品の多くはそうであるが、ウイスキーも年月を重ねることで価値が増す傾向にある。ウイスキーに投資する場合は、珍しいボトルに狙いを定めるべきである。少し才能があれば、掛金が何倍にもなって返ってくることもあり得る。例えば、10年ほど前に1本約4万円で買ったボトルが今では100万円以上の値が付くかもしれない……。年間の平均収益率は10〜15％で、一度上がった価格はそう簡単には下がらない。限定ものばかりを狙う投機家もいる。例えば、英国のウィリアム皇太子とキャサリン妃の王室結婚式のために造られたスペシャル・エディションのザ・マッカランは、ある投機家によって購入され、すぐに購入価格の20倍ほどの値で転売された。また一方で、自分と子孫のために、ウイスキーのコレクションを築くことを目的とした真の収集家もいる。幸いなことだ！

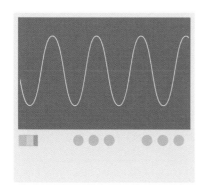

価格のバロメーター

中古自動車のように、ウイスキーにも目安となる価格表があればよいのだが、残念ながらそんなものは存在しない。自分が持っているウイスキーボトルの価値を知るための最良の方法は、熱烈なファンが集まる場に行くことである。いろいろな所から情報を収集したほうがよい。なかには、あなたのボトルを安値で買い、それを後で高く売ろうとする悪賢い人たちもいるので気を付けよう。

お爺さんの家に行って、サイドボードの奥を探してみる。まだ封を開けていない古いボトルのなかからお宝が見つかるかもしれない。大金を費やさずとも、歓喜の1本が手に入るチャンスもある！

ウイスキーの転売方法

特別なオークションサイトやウイスキー専門のフェイスブックのグループで売買することができる。最も有名なサイトのひとつに、WhiskyAuction.Comがある。手数料は20％前後だ（＋送料）。

他よりも格別な（つまり高価な）1本となる要因は？

方程式はシンプルだ。第一の基準はクオリティーである（幸いなことだ！）。第二の基準は希少性である。市場に出るボトルの本数が少なければ少ないほど、価格は上昇する。ただ現状では、熟成年数が30年以上のボトルを狙うのはかなり無理がある。10年もののウイスキーでも、今はもう販売されていない希少なものだと、目の玉が飛び出るほどの値が付いているからだ。

ますます上昇する価格

数年前までは、4,000円前後で上質なウイスキーを手に入れることが可能だったが、今では段々難しくなっている。一つの要因は消費量が増加したこと。需要が増えれば価格も上がるのは一般的な原理である。もう一つの要因は多くの蒸留所が閉鎖に追い込まれた、1980年代、1990年代のウイスキー不況である。当時、ストックを抱え過ぎていた蒸留所は消費を取り戻すために、ウイスキーを安値で売りさばいていた。現在、上質なウイスキーボトル1本の価格は、5,000〜9,000円になっている。

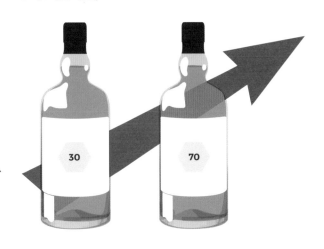

ウイスキー樽でフィニッシュさせた他のスピリッツ

ウイスキーは何とも交わらない孤高の存在というわけではない。時には他のスピリッツと触れ合い、互いに深め合うこともある。樽は規制が厳しいウイスキー業界に革新をもたらす鍵の1つと見なされており、その重要性は高まる一方である。

フィニッシュ（後熟）とは？

ウイスキーが他のお酒と触れ合う機会が最も多い工程は、「フィニッシュ」であろう。蒸留後のウイスキーを1つの樽で熟成させた後、さらに別の樽に移し替えて熟成させる工程で、「後熟」とも呼ばれる。フィニッシュには他のお酒を仕込んだ樽を使うことが多く、その種類はバーボン樽、シェリー樽、シャンパーニュ樽、コニャック樽、ビール樽、ラム樽、など様々。これらのお酒のニュアンスをウイスキーに加味することで、より独特かつ複雑な香味が得られる。

ウイスキーのフィニッシュ例

ウイスキーの多くはバーボン樽やシェリー樽で熟成されるが、珍しい樽で後熟させたものもある。

MACKMYRA MIDVINTER
マックミラ・ミッドヴィンテル

スウェーデンのマックミラ社は、ボルドーワイン、シェリー、ホットワインを仕込んだ樽で後熟させたウイスキーを造った。イェブレ近郊にある蒸留製のマックミラ・ミッドヴィンテルは、ウィンタースパイスとジューシーなベリー類のニュアンスを帯びたシングルモルト・ウイスキーである。

WESTLAND INFERNO
ウエストランド・インフェルノ

エイプリルフールの4月1日に発売された限定品。アメリカのウエストランド蒸留所製のシングルモルトで、なんとタバスコの樽で後熟させた珍しい品である。

ROZELIEURES TOKAY DE HONGRIE
ロゼリュール　トカイ・ド・オングリー

ハンガリー、スロバキア南東部で造られている貴腐ワイン、トカイを熟成させた樽を使用。樽の数はごく限られているが、甘やかなアロマをウイスキーにもたらす。

THE BALVENIE CARIBBEAN CASK AGED 14 YEARS
ザ・バルヴェニー・カリビアンカスク 14年

ウイスキーとラムは相性が悪い、と誰が言ったのか？ スコットランドのバルヴェニー蒸留所はカリブ諸島産のラムを仕込んだアメリカンオーク樽をフィニッシュに用い、ウイスキーにラムのニュアンスを融合させることに成功した。

TEMPLETON RYE MAPLE CASKS FINISH
テンプルトン・ライ
メープルカスク・フィニッシュ

ライ・ウイスキーには独特なフィニッシュ法が用いられることがある。テンプルトン・ライを熟成させた80個の樽から、一度ウイスキーを抜き取り、メイプルシロップを入れて2カ月間寝かせる。その間、樽を1つ1つ、毎日手作業で回転させた後、メイプルシロップを抜き取って、4年熟成のウイスキーを入れて2カ月間後熟させる。

TEELING WHISKEY GINGER BEER CASK
ティーリング・ウイスキー・
ジンジャービアカスク

ダブリンのティーリング蒸留所とロンドンのアンブレラ・ブリューイング社のコラボレーションで実現した、世界初のジンジャービアカスク・フィニッシュのアイリッシュ・ウイスキー。

ウイスキーカスク・フィニッシュのスピリッツ

反対に、他のスピリッツのフィニッシュにウイスキー樽が用いられることもある。

CORAZÓN EXPRESIONES BUFFALO TRACE OLD 22 ANEJO
コラソン・
エクスプレッショーネス
バッファロー・トレース
22年 アネホ

ウイスキーとテキーラの融合はなかなか難しい試みではあるが、バーボン樽で後熟されたこのテキーラにおいては、2つのスピリッツの最良の特徴が見事に調和している。

HSE, RHUM HORS D'ÂGE, WHISKY ROZELIEURES FINISH MILLÉSIME 2013
HSE ロム・オールダージュ
ウイスキー・ロゼリュール・
フィニッシュ ミレジム 2013

ラムカスク・フィニッシュのウイスキーが可能であるならば、その逆も然り。ラムメーカーのHSE社はそれを証明してみせた。オーク樽で6年以上熟成させたラムをフランス、ロゼリュール蒸留所のウイスキーを仕込んだ樽で8カ月以上後熟させた。

さらに奇抜な組み合わせ

人間の創造力には限界がない！ さらに珍しい組み合わせもある！

KIT KAT CHOCOLATORY WHISKY BARREL AGED
キットカット ショコラトリー
ウイスキーバレルエイジド

ウイスキー樽で180日間熟成させたカカオで造ったキットカット・チョコレートが存在する。樽はピーテッド・ウイスキーで世界的に有名なアイラ島のものを使用している。

FISHKY
フィッシュキー
（ニシン樽フィニッシュのウイスキー）

インディペンデント・ボトラーズのステュービッド・カスク社（Stupid Cask）による「フィッシュキー」は、その名が示す通り、ニシンを漬けていた樽で後熟させたブルイックラディ（Bruichladdich）蒸留所製のシングルモルト・ウイスキーである。スコットランドではその昔、魚を漬けた樽でウイスキーを寝かせていたという逸話が残っており、この昔話にインスピレーションを得て考案されたユニークな一品だ！

Nˉ4
食材と合わせる

─ ウ イスキーが食卓に迎えられる場面は増えてきている。だが、ワインと同
様に注意が必要だ。合わせ方を間違うと、晩餐が台無しになってしまう。
この章では良い組み合わせの例をいくつか紹介する。経験を少し積めば、ウ
イスキーと食材のマリアージュのエキスパートになり、ホームパーティーで招待
客を感嘆させることができるだろう！

ディナーとウイスキー

フランスでは食事のお供はワインが一般的だ。ウイスキーを合わせるという発想はすぐには浮かんでこない。だが、ウイスキーはフルコースの料理にも合わせることのできる、実に豊かな香味を備えている！

料理とウイスキーの組み合わせ方

ウイスキーを含むスピリッツ（アルコール度数40％以上）は、ワインよりも幅の広い香味を備えており、他の要素に反応しやすい。例えば、水分の多い食材と合わせると、ウイスキーのアルコール度数とフレーバーの特徴が変化する。食材とウイスキーの絶妙なハーモニーを得る方法はいくつかある。

01

補完：
食材がウイスキーの風味を増進させ、ウイスキーも食材の風味を増進させる。

02

対照：
風味の強い食材にまろやかでスモーキーなウイスキー。

03

同調：
食材に含まれる香味と同じ香味を持つウイスキーを合わせる。

ジャパニーズ・スタイル

食事中にウイスキーをストレートで飲むのは気が進まないという方には、日本風の飲み方がある。水で割って薄める方法だ（P.136水割りのページ参照）。

料理が先？　ウイスキーが先？

ウイスキーから味わうべきか、それとも料理から味わうべきか？　食事の時は、料理を一口食べてからウイスキー、がベストな流れだ。まず食材を味わい、油分（チーズなど）が口の中に広がると、ウイスキーの風味が引き立ち、しかもアルコールの刺激が和らぐように感じられる。ウイスキーが強すぎると感じている方はぜひ試してみてほしい。

罠に気を付けて！

甘すぎる食材

甘みは偽りの友。
糖分が多すぎる食材と合わせると、
ウイスキーのアルコール感が増長される。

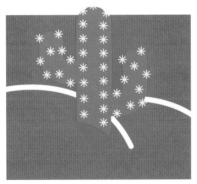

塩辛すぎる食材

塩分が多い料理と合わせると収斂味が出てくる。
口内の粘膜がピリピリして乾き、
きしむような感覚がする。実に不快だ。

シェーブルチーズ！

ウイスキーと一緒に味わうと、
ヤギ臭さだけが際立つようになる。
動物の匂いを嗅ぐためだけに合わせるのは
実にもったいない！

クラシックモルト・アンド・フード

ウイスキーを食卓へ誘うことは、ウイスキー・メーカーにとって大きな挑戦のひとつ。ディアジオ社はこのことをいち早く理解し、数年かけて「クラシックモルト・アンド・フード」プログラムを開発した。「クラシックモルト」コレクションのウイスキー13種を中心に、自宅で試しやすい食材とウイスキーの組み合わせを提案している。ここではその一部を紹介する。

CAOL ILA ／カリラ

カマンベールチーズ、タプナード添え

CARDHU ／カーデュ

パルマ産生ハム、ナツメヤシ添え

**KNOCKANDO ／
ノッカンドゥ**
フォワグラ

TALISKER ／タリスカー

スモークサーモンとフレッシュ
チーズのアンサンブル

**THE SINGLETON OF
DUFFTOWN ／
ザ・シングルトン・オブ・
ダフタウン**

プラリネ入りチョコレート菓子、
マーマレードジャム

アベラワー・ハンティング・クラブ
（ABERLOUR HUNTING CLUB）

アベラワー蒸留所のウイスキーを引き立てるために特別にあつらえたフルコース料理を、特別な空間で味わう。これがアベラワー・ハンティング・クラブの活動だ。アベラワー蒸留所は6年前から、高名なシェフに自社のウイスキーと調和するフルコース料理の提案を依頼している。期間限定で、席数が限られているため、料金は非常にお高い。

過去の組み合わせ例

▶ ブルゴーニュ産エスカルゴ、
甘草の香りのブイヨンを添えて
×アベラワー2003　ホワイトオーク
（Aberlour 2003 White Oak）

▶ サーモンのミキュイ、キャビアとマスタード添え、
ジャガイモのスープ、「デュック」とともに
×アベラワー16年　ダブルカスク・マチュアード
（Aberlour 16 Year Old Double Cask Matured）

▶ 鹿フィレ肉のロティ、ソース・グランヴヌール
×アベラワー18年　ダブルカスク・マチュアード
（Aberlour 18 Year Old Double Cask Matured）

▶ ヘーゼルナッツのシュトロイゼルと洋ナシの
カラメリゼ、マンジャリ・チョコレートクリーム、
洋ナシとジンジャーのソルベ添え
×アベラワー・アブーナ（Aberlour A' bunadh）

ウイスキーに合わせる食材

どんな食材がウイスキーに合うか見当もつかない、という人もいるだろう。ここでは、料理もウイスキーもさらに美味しくなる、相性のよい組み合わせをいくつか挙げる。

初級者向きの組み合わせ

全てのウイスキーに合う魔法の食材というものは存在しないが、他よりも合わせやすい食材はいくつかある。まずは舌を慣らすために、以下の食材から始めてみてほしい。

● **チーズ**：ロックフォール、カマンベール、熟成したチェダー、ゴーダ、熟成したコンテ

● **チョコレート**：ミルクチョコレートに合うウイスキーもあるが、ダークチョコレートが一番合う。カカオの量が

多ければ多いほど、深い味わいを楽しめる。

● **ハム、サラミ、ソーセージ類、タプナード（オリーブのペースト）**：アペリティフに最適。ウイスキーと食材を合わせる楽しさを友人たちと共有しよう。

● **フルーツ**：リンゴや洋ナシのタルトとの相性が抜群。ウイスキーのフレーバーを覆い隠してしまう柑橘類は避けるべき。

どのウイスキーにどの料理を合わせる？

自宅に封を切った、試したいウイスキーがある？　4つのタイプに合う食材をリストアップしてみるので、ご参考まで。

G | ぜひ体験してほしい、おすすめのテイスティング会

チーズの盛り合わせと数種類のウイスキーを用意して、テイスティング会を開く。まず、一番軽いチーズとウイスキーを一緒に味わってみる。それから徐々に、風味の力強いものへと移行していく。平凡だと感じる組み合わせもあるだろうが、素晴らしいマリアージュにも出会えるはずだ。チーズだけでなくウイスキーも格段に美味しくなるのを感じることができるだろう。

ライトなウイスキー
● 鮨
● スモークサーモン
● 蟹
● クリーミーなチーズ

ほどよいコクのある、ほのかにピーティーなウイスキー
● 鯖
● ムール貝
● 牡蠣
● 鴨肉
● レバーペースト
● 雉の煮込み
● 鶏肉のソテー、キノコ入りクリームソース
● イタヤ貝のポワレ

深いコクと厚みのあるウイスキー
（シェリー樽またはヨーロピアンオーク樽熟成）
● ビーフステーキ／サーロインのグリル
● ジビエ（野禽類、野鳥類）のロティ
● ブラウニー
● ダークチョコレート
● チェダーチーズ

ピート香豊かな力強いウイスキー
● アンチョビのカナッペ
● ロックフォールチーズ
● 仔羊の股肉のロースト　● プルドポーク
● スモークチキン、紅茶風味
● サーモンの照り焼き　● 焼きナスのペースト
● 仔羊のミンチボール、オリエンタル風
● ダークチョコレート

ウイスキーはワインに匹敵するだろうか？

チーズにはブルゴーニュ地方の赤ワイン、カマンベールには ジュラ地方の黄ワインと合わせるべきという傾向にある。で はウイスキーの場合はどうだろう？　同じ産地の近接する2 つの蒸留所で、スタイルの異なるウイスキーが製造されてい ることもあるので、産地別に相性のよい組み合わせを挙げる のは、ワインよりも難しい。それでも、各産地の典型的な特 徴を前提にすると、以下のような組み合わせがうまくいくだ ろう。

	ミート／フィッシュ	ベジタブル	フルーツ	ナッツ	チョコレート	チーズ
B バーボン	BBQ 鶏肉 鴨肉 豚肉	ブロッコリー 芽キャベツ ジャガイモ 焼きニンジン	リンゴ アプリコット 桃 洋ナシ	ピーカンナッツ アーモンド	ホワイト	マンチェゴ ブルー
R ライ	牛肉 鶏肉 卵 羊肉 サーモン	ケール 芽キャベツ ジャガイモ ドライトマト	リンゴ 洋ナシ イチゴ	ピーナッツ ピーカンナッツ	ダーク	リコッタ チェダー
W アイリッシュ	牛肉 仔牛肉 野鳥類	インゲン豆 ニンニク タマネギ ジャガイモ	リンゴ 洋ナシ	マカダミアナッツ ブラジルナッツ	ダーク	ブリー ペコリーノ ハバティ
H 熟成年数の若い ハイランド	ハム、サラミ ソーセージ類 卵 スモークサーモン マグロ	ニンジン セロリ レンズ豆 リゾット 野生のキノコ	リンゴ ナツメヤシ イチジク	アーモンド ピスタチオ	ミルク	熟成ゴーダ チェダー マスカルポーネ
H 熟成年数が 15年以上の ハイランド	牛肉のロースト 子羊肉 七面鳥	アスパラガス セロリ サツマイモ	チェリー ナツメヤシ 洋ナシ	ピーカンナッツ ピスタチオ	ダーク ミルク	熟成チェダー ブルー
L ローランド	鶏肉 豚肉 ビーフステーキ	アンズタケ キュウリ ズッキーニ キノコ ジャガイモ	アプリコット イチジク マルベリー	マカダミアナッツ アーモンド	ミルク	ブリー 若いゴーダ
I アイラ	卵 牡蠣 鳩肉 サーモン	ナス 赤インゲン豆 トウモロコシ タマネギ ジャガイモ カボチャ	パイナップル	アーモンド クルミ	ミルク	モッツァレラ

ウイスキーに合う郷土料理

スコットランドやアイルランドでは、ウイスキーは昔から伝統料理とともに味わうお酒として親しまれてきた。現在も、ウイスキーと食材の絶妙なハーモニーを知るうえで興味深い。

アイリッシュ・スモークドサーモン

アイルランドはサーモンの養殖が盛んな国のひとつである。
アイリッシュ・スモークドサーモンは伝統的に祝い事がある時にパブや家庭で作られる特別な料理である。

アイリッシュ・スモークドサーモンに合わせるウイスキーは？

スモーキーな風味があるので、ピーティーなウイスキーと合わせたくなる。だが、TOO MUCHにならないように気を付けよう。スモーク香が過ぎると、かえってその魅力が失われてしまう。軽やかなピート感とヨード香が あり、ハーブとスパイスのニュアンスのあるウイスキーを選ぶと料理が引き立つ。ダルウィニー（Dalwhinnie）15年、タリスカー・ストーム（Talisker Storm）などが合うだろう。

材料：

アイルランド産のスモークサーモン：
薄くスライスしたものを数枚
レモン：2個
有塩バター：1個
フランスパン：2本分
コールスローサラダ：適量
塩、胡椒：少々

作り方（4人分）

スモークサーモンのスライス
花びら状に盛り付ける。
塩、こしょうをする。
レモンを洗い、横半分にカットする。
カットしたレモンを各皿におく。
有塩バターをテーブルに用意する。
フランスパンとコールスローを添えれば出来上がり！

スコットランドのハギス

スコットランドの伝統料理で、羊の胃袋に羊の内臓を詰めて茹でたもの。このレシピ誕生の歴史は漠然としていて、ハイランド地方発祥という説もある。羊飼いたちが羊を売るためにエディンバラへ旅する時に、妻たちが道中食べやすいようにと、羊の胃袋に食物を詰めたものを持たせていた。ハギスは毎年1月25日、詩人のロバート・バーンズの誕生日を祝うバーンズ・ナイトで出されるご馳走となっている。

材料：

羊の胃袋：1枚
羊の内臓(肝臓、心臓、肺)：1kg
羊の腎臓：250g
羊の脂身：100g
玉ねぎ：3個
オートミール：500g
塩、胡椒：適量

ハギスに合わせるウイスキーは？

ピート香の強いウイスキーではないほうがよい。
例えば、以下の銘柄がよい。
● タリスカー(Talisker)10年：今ではなかなか手に入らないため、タリスカー スカイ(Talisker Skye)でもよい
● ハイランドパーク(Highland Park)12年
● ラフロイグ(Laphroaig)10年
● グレンリベット(Glenlivet)18年

臓物にウイスキーを振りかけると、豪勢なハギスになる！

作り方

01 羊の胃袋をよく洗い、裏返して内側を丁寧にこする。塩水に一晩漬けておく。

02 羊の内臓、腎臓、脂身を洗い、塩を入れて沸騰させた熱湯に入れて、2時間ほど弱火で煮る。熱湯から取り出して、軟骨と気管部分を取り除き、包丁で細かく刻む。

03 皮をむいた玉ねぎをゆがき、みじん切りにする。煮汁は残しておく。

04 鍋にオートミールを入れて、カリカリになるまで弱火でゆっくり炒る。

05 02〜04までの全ての材料に、玉ねぎの煮汁を加えて混ぜ合わせ、こねる。

06 出来上がったファルス(詰め物)を、羊の胃袋の2/3まで詰める。空気が入らないように詰め、必要であれば、胃袋の中央部をタコ糸で縫い付けて閉じる。

07 煮ている時に裂けないように、羊の胃袋に包丁の先でいくつか穴をあける。沸騰させた湯の入った鍋に入れ、蓋をした状態で3〜4時間、弱火でコトコト煮る。煮終わったら熱々の状態を保ちながらタコ糸を取る。

08 食卓に出す時は、まだ熱々の胃袋を開いて中からファルスを取り出し、各人の皿に盛り付ける。マッシュポテトとパン・ド・カンパーニュ、バターを添える。

ウイスキー：料理のレシピへの活用法！

ウイスキーのもう一つの楽しみ方は、料理の隠し味として使うことだ。ただし、とっておきの1本を使うべきではない。その繊細な特徴までは、料理に入れるとあまり感じられなくなるので、妥当なものを選ぶ。

ソース

材料：

エシャロットのスライス：3個分
サラダ油：適量
ウイスキー：100mℓ
フォン・ド・ヴォー：
　小さじ2〜3杯分
砂糖：小さじ2杯分
水：100mℓ

作り方

01 小鍋に油を少量入れて、エシャロットをしんなりするまで炒める。

02 ウイスキーを加えて鍋底に付いた旨味を煮溶かし、フォン・ド・ヴォー、砂糖、水を加える。

03 少し煮詰めて、牛肉のステーキなどにかける。

自家製ジャム

材料：

ビターオレンジ（できれば有機栽培のもの）：1.3kg
砂糖：1kg　ウイスキー：100mℓ

作り方

01 オレンジを洗い表面をこする。圧力鍋に丸ごと入れて、被る程度に水を加える。沸騰させてから蓋をして40分間煮る。火を止めて、そのままの状態で冷ます。

02 翌日、煮汁からオレンジを取り出す。煮汁は取っておく。オレンジを2つに切り、果肉と種を取り出す。

03 オレンジの皮を長さ3cm程度のスライス状に切り、02の煮汁に砂糖1kg、ウイスキー70mℓを入れた液体に浸す。これに、オレンジの果肉と種を布巾でこし取った、ペクチンをたっぷり含んだ果汁を加える。

04 03のマーマレードを温度が104℃になるまで強火で煮詰める。ウイスキー30mℓを加えてよく混ぜる。

05 すぐに瓶の容器に入れる。冷めてから味わう！

ジョルジュの豆知識

フランスの有名な肉屋経営者、イヴ＝マリ・ル＝ブルドネック氏は、ウイスキーで牛肉を「熟成」させている。酵素が筋肉を柔らかくする最初の20日間が過ぎた後、肉の塊を、ウイスキーを浸み込ませた布で巻いて熟成させる。布は10日ごとに取り換えられる。こうすることで、脂身の部分が吸取紙のような働きをして、ウイスキーが中に浸み込むのだ！

フランベにしたら？

大型の海老のフランベにウイスキーを使ってみては？
いつものレシピにウイスキー100mℓを加えて火を付けるだけで、香り立つ美味な一品になること間違いなし。

デザート：スコットランドの伝統菓子、クラナカン

材料：

オートミール：大さじ2杯分
フランボワーズ：300g
砂糖：少々
生クリーム（半固形状）：350mℓ
ハチミツ：大さじ2杯分
ウイスキー：大さじ2〜3杯分

作り方

01 天板にオートミールを平らに敷き、ヘーゼルナッツのような香りが立つまでオーブンで炒る。十分に冷ます。

02 フランボワーズ半量を潰してピューレ状にして濾す。砂糖を加える。生クリームを泡立て器で優しくホイップして、ハチミツとウイスキーを入れて混ぜる。味見をして、好みでハチミツ、ウイスキーの量を調整する。

03 02の生クリームに01のオートミールを加えて、泡立て器で軽く混ぜる。

04 パフェ用のグラスを用意して、フランボワーズのピューレ、果実、生クリームを層になるように交互に重ねていく。少し冷やしてから頂く。

Nᵒ5
バー＆カクテル

___

バーの客にとってもバーマンにとっても、ウイスキーはスピリッツの中でも特別な存在感を放っている。だがカクテルに変身すると、たちまち他の時代へと私たちを誘い、エキゾチックなレシピの魔力で、遠い異国の地を旅しているような気分にさせてくれる！

バーでウイスキーを飲む

友人や顧客とバーに行く機会があるだろう。そこでウイスキーを一杯飲みたい気分になることがあるはずだ！

バックバーをチェックする

初めて寄ったバーであれば、カウンター席に座ってバックバー、つまりバーマンの背後に並んでいるボトルを観察する。

 以下の場合は、
すぐに店を出ること。
● ウイスキーボトルが1本しかない。
● スーパーでよく見かける安価なウイスキーしか置いていない。
● 一度開けたボトルに埃が積もっている。

ウイスキー専門のバーに行くべき？

ウイスキーバーは珍しい銘柄も揃えていて、間違いなく、より豊かな経験をさせてくれるだろう。だが、血眼になって探すことはない。お酒の種類が豊富なショットバーやカクテルバーのなかにも、ウイスキーのセレクトが申し分ないほど充実している店がある。

世界一のウイスキーバー

それはアイルランドにある。ディック・マックス（Dick Mack's）という創業1899年の家族経営のパブだ。魅力的なアイリッシュ・ウイスキーとスコットランドの各地方の代表的なウイスキーを豊富に揃えている。また、この店を有名にした理由のひとつでもあるが、ショーン・コネリーやジュリア・ロバーツなど多くのセレブリティが訪れた店でもある。ハリウッドのように、彼らの名前が敷石に刻まれている。
住所：Green Street, Dingle, Co.Kerry, Ireland

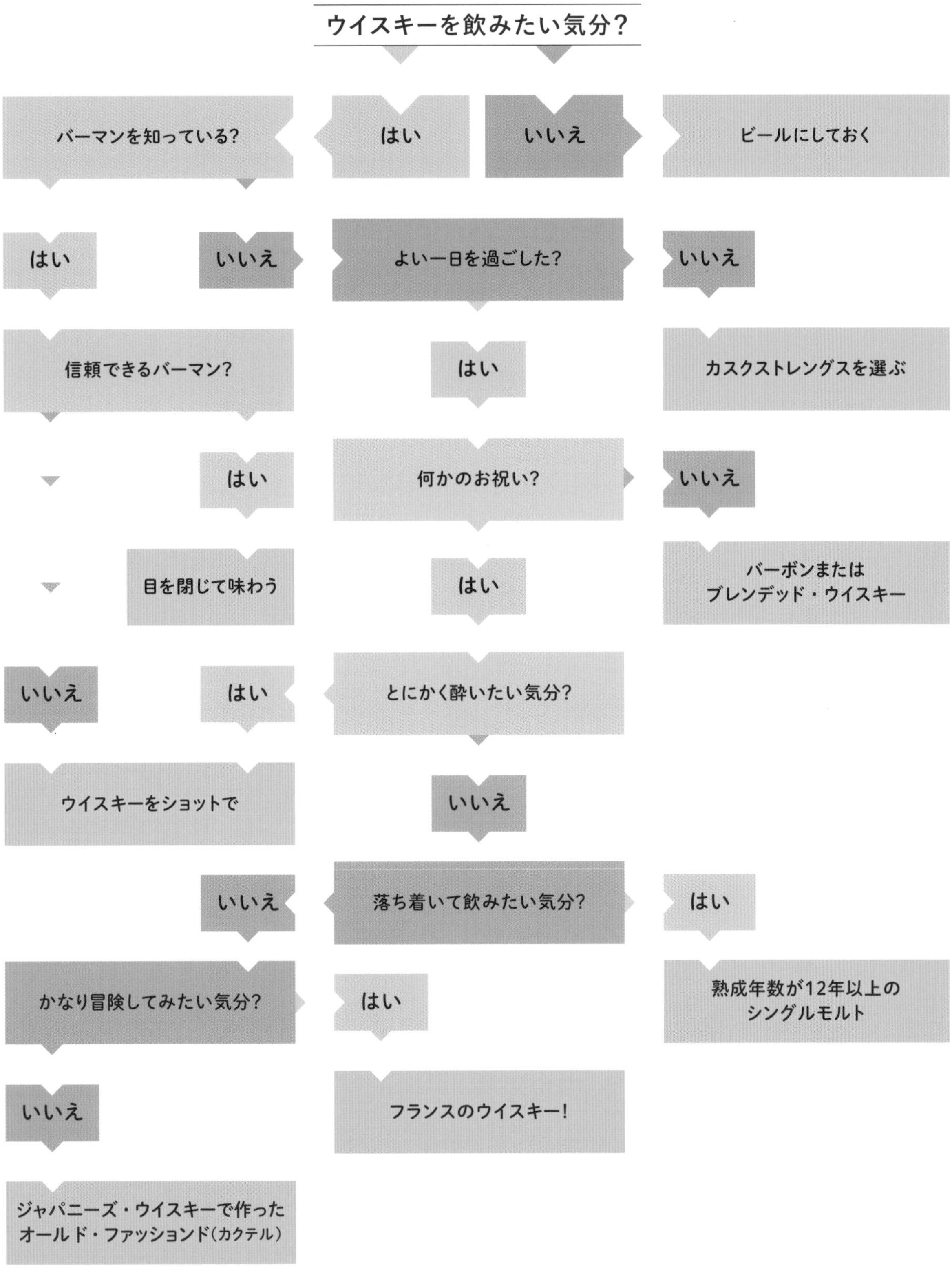

ウイスキーを飲みたい気分?

バーマンを知っている? ← はい / いいえ → ビールにしておく

バーマンを知っている? → はい / いいえ

はい / いいえ ← **よい一日を過ごした?** → いいえ

信頼できるバーマン?

カスクストレングスを選ぶ

はい

はい → **何かのお祝い?** → いいえ

目を閉じて味わう

はい

バーボンまたは
ブレンデッド・ウイスキー

いいえ / はい ← **とにかく酔いたい気分?**

ウイスキーをショットで

いいえ

いいえ ← **落ち着いて飲みたい気分?** → はい

かなり冒険してみたい気分? / はい

熟成年数が12年以上の
シングルモルト

いいえ

フランスのウイスキー!

ジャパニーズ・ウイスキーで作った
オールド・ファッションド(カクテル)

水割り

◇◇◇◇◇◇◇◇

「オー・マイ・ゴッド！」、水割りを初めて出されたスコットランド人は、間違いなくこう叫ぶ
だろう。あんなに大量の水を入れるなんて何を考えてるんだ、ウイスキー本来の味が台無しに
なってしまうではないか！ しかし、その一杯には巧みな技が隠されている。スコットランド人は
嘲笑したり、しかめ面をしたりするかもしれないが、日本ではとてもポピュラーな飲み物なのだ！

定義と発音の仕方

日本では、ウイスキーにその2倍の量のミネラルウォーター
と適量の氷を混ぜたものを水割りという。文字通り「水で割
る」という意味。発音は、日本人のようにうまくできないか
もしれないが、「ミ・ズ・ワ・リ」とうまく言えれば、日出
ずる国のバーで、お望みのものを味わうことができるだろう。

グラスに入れる氷の量もきわめて重要。水割り
は食事を通して飲まれることが多いので、氷の
量が十分でなければ、デザートの時に温くなっ
てしまう。反対に多すぎると、一口で飲み干して
しまうことになる。やさしい飲み物のように見え
るが、水割り作りにはテクニックがいるのだ。

作法

日本と言えば作法だ。水割りはシロップ入りの水のように適
当に作るものではない。どのステップにも意味がある。日本
人が水割りを作る所作は実に洗練されている。
特に混ぜ方に特徴があり、
全てに細やかな配慮が
必要となる。

01

タンブラータイプの
グラスを選ぶ。グラス
の質と厚みが非常
に重要とされている。

02

氷を入れてグラスを
冷やす。氷を捨てる。

03

新しい氷の角を削っ
て丸くし、グラスに
入れる。

04

ウイスキーを
ゆっくりと注
ぎ、マドラー
で混ぜる。

05

水を徐々に加える。
ウイスキーの香りが
開いていく。

06

水を全て注いだら、
音を立てないように、
マドラーで軽く混ぜる。

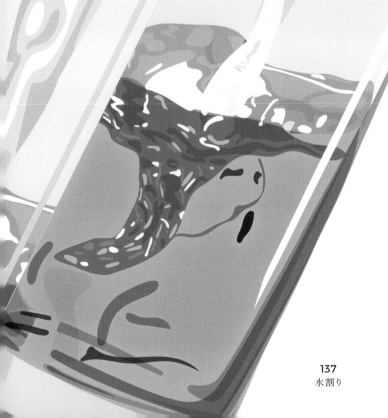

どんなシチュエーションで飲むもの？

● **暑い夏**：暑い時にストレートのウイスキーは飲みにくい。冷たい水割りは爽快で、渇いた喉を潤してくれる。

● **食事の時**：ストレートのウイスキーでも可能だが、水割りはワインの代わりとして、食事の初めから終わりまで合わせることができる。特に日本の料理店では、ウイスキーを水割りで出すことが多い。

● **ウイスキー入門**：「ウイスキーは好きになれないと思う」という人を、ウイスキーの世界へ導くための賢い方法。その効果は抜群だ。

ウイスキーの選び方

● 竹鶴12年　ニッカウヰスキー
● 山崎12年　サントリー
● 白州12年　サントリー

バリエーション

● **ハイボール**：シュワシュワの泡が好き？それなら、ハイボールがおすすめだ！ ミネラルウォーターの代わりに炭酸水を使うだけで、爽快な刺激のある魅力的なカクテルに変身する。日本ではサントリーなどのメーカーが缶入りハイボールを販売するほど、ポピュラーなお酒となっている。東京－大阪間の新幹線の中で、ビジネスマンがハイボールを美味しそうに飲んでいる光景をよく見かける。

● **トワイスアップ**：水割りでは薄すぎて物足りなそうだが、それでも水で割ったものを試してみたい？ そんな方にはトワイスアップが最適。ウイスキーとミネラルウォーターを1対1の割合で混ぜる飲み方。氷は入れない。ワイングラスで飲むと様になる！

アイスボール

◇◇◇◇◇◇◇◇◇◇◇◇◇◇◇◇◇

アイスボールを準備するのに北極で立ち往生する必要はない。ウイスキーをいつもと違う味わい方で楽しむために、日本人が発案した技だ。

日本生まれの技

アイスボールとは？

ウイスキーに氷は入れない！ これが伝統的な飲み方だろう。ただ、日出ずる国で生まれた、ウイスキーを冷やしながら溶けづらい球状の氷を使うとなれば話は別だ。氷の塊を削ってアイスボールに仕立てる技は、日本人の美意識の高さと巧みさを証明するものであり、ごく一部のバーマンのみが完璧にこなすことのできる特殊な技である。

道具

よく研いだナイフでカットする人もいるが、通常は2種類のピックを使用する。大きな氷の塊をキューブ状に割るための1本刃のアイスピックと、氷を球状に精密に整えるための3本刃のアイスピックだ。

作り方

氷の塊を削って、ほぼ完璧な球状に整える。ロックグラスにぴったりとはまる大きさにするので、普通の氷よりも冷却力がある。秘訣は、氷を作る時に気泡が中に残らないようにすることである。そうすると透明度が高く、グラスの中でゆっくりと溶けていくアイスボールができる。

バーマンの流儀

01
氷を球状にする

アイスピックでキューブ状の氷を球体に整える。繊細な手さばきと優れた観察眼を要する。

02
グラスに入れる

水を入れたグラスに球状の氷をそっと入れる。グラスを冷やすために、氷を素早く数回まわす。

03
ウイスキーを注ぐ

グラスの中の水を捨てる。ウイスキーをアイスボールの上部からゆっくりと注ぐ。グラスの中の温度が均一になるように、氷をゆっくりまわす。

自宅でもアイスボールを作れる？

正直に言って、伝統的なやり方でアイスボールを作ることはあまりおすすめできない。アイスピックが手に刺さって、救急センター行きになる確率が高いからだ。だが諦めるのはまだ早い。幸運なことに、アイスボール用のシリコン型が存在する。ウイスキーを味わう時に用意する水（水道水はNG）を型に注ぎ入れて、冷凍庫の平らな場所に入れて、凍るのを待つ。後は型から取り出して、バーマンの流儀のステップ2から始めれば、友人たちをあっと驚かせることができるだろう。

時間が重要

熟練のバーマンは2分ほどでアイスボールを作る。室温20℃の場であれば、アイスボールは30分間、ほぼ溶けない。ウイスキーを味わうのにちょうどよい時間だ。普通の氷の場合、ウイスキーを割る水と同じ水で作られたものでなければ、30分もしたら、大方溶けてしまうだろう。

アイスボールと相性のよいウイスキーは？

日本の技であるから、ジャパニーズ・ウイスキーがとてもよく合うが、他の国のウイスキーで試してみてもよい。お気に入りのウイスキーのまた別の楽しみ方を発見できるかもしれない。

カクテル：バーツール

プロのバーマンでなくとも美味しいカクテルは作れる。基本の道具と技術をおさえれば、友人たちが驚くようなカクテル、あるいは自分だけのとっておきのカクテルだって作れるようになる！

ジョルジュのアドバイス

ミキシンググラスとバースプーンを使う場合、バースプーンの柄の部分を中指と薬指の間に挟み、親指を添えて持つ。

シェーカー

カクテル作りの定番で、最も便利な道具のひとつ。中に氷を入れると、カクテルの材料の温度を急激に下げることができる。シェーカーには2ピースと3ピース（ストレーナー内蔵型）の2タイプがある。使い方は、ボディにカクテルの材料と氷を入れ、ストレーナー（3ピースの場合）とトップをしっかり閉める。両手で持ち、ボディの外側に霜が付くまで振る。ストレーナーやトップがなかなか外れない場合は、親指で押さえながら、下から上へ捻じるようにまわす。あるいは側面を勢いよくたたく。

ミキシング・グラス

カクテルと言えばシェーカーというイメージがあるが、必ずしもそうではない。シェイクしないで、シンプルにかき混ぜて作るタイプのカクテルもある。必要となるのはミキシンググラス（ボストンシェーカーのグラスの部分など）と、バースプーン（グラスの底までかき混ぜることのできる、柄の長い小さめのスプーン）だ。

ジョルジュのアドバイス

カクテルを冷たい状態でサーブするために、グラスを前もって冷蔵庫か冷凍庫で冷やしておく。

スマホと繋がるシェーカー

シェーカーは発明当時からほとんど進化していない。しかし、21世紀になって、スマホのアプリと繋がる家電が次々と登場するようになり、その波はカクテルの世界にも押し寄せている。なんと、スマホのBluetooth®機能でアプリにリンクできるシェーカーが発明されたのだ。どのように機能するかというと、アプリのなかから作りたいカクテルを選ぶと、材料のリストが表示される。シェーカーに内蔵されたセンサーが各材料の分量を計り、適切な量が入ったら光で教えてくれる。どのテンポで何回シェイクすればよいかまでも教えてくれる。

グラス選び

お粗末なグラスを選ぶと、せっかくのカクテルが台無しになってしまう。美味しいカクテルは見た目も美しく演出してこそ、その本来の価値が引き立つものだ。あなたのカクテルに相応しい美しいグラス(男性的、女性的、エレガント、カジュアルなど)を選び、グラスとのバランスを考えて適量を注ぐよう心掛けよう。

メジャーカップ

各材料の分量を的確に計ることはとても大切。分量を間違えると全くの別物になってしまうので要注意だ! 上下に大小のカップが付いていて、大きいカップが40mℓ、小さいカップが20mℓのものが標準的。メジャーカップが家にない場合は、ウイスキーボトルのスクリューキャップが大体20mℓ(例外はある)なので、これを代用することも可能だ。

ペストル

スパイスやフルーツを潰して、香りを引き出すための道具。グラスなどの容器の中で上から押しながら、円を描くように材料を潰す。適切な容器を選ばないと、扱いにくくなるので注意しよう。ガラス製の容器しかない場合は、割れにくい丈夫なものを選ぶように。さもないと、手が傷だらけになってしまう。

ストレーナー(スプリング付き、またはジュレップタイプ)

カクテルはスープではない! だからこそ、シェーカーやミキシンググラスの中身をこの道具で濾し、液体だけを抽出することが重要となる。カクテルを味わう時に邪魔になるような氷やフルーツの小片は、取り除く。

ウイスキーベースのカクテル
一度は味わってみたい代表的なカクテル

ウイスキーベースのカクテルは新しいものではない。19世紀から、先人たちは様々なカクテルを生み出してきた。なかには不朽の名作として、殿堂入りを果たしたカクテルもある。

IRISH COFFEE／アイリッシュコーヒー

カクテルは冷たいものだけではなく、温かいものも存在する！　アイリッシュコーヒーはウイスキーベースのカクテルのなかで、最も広く知られたもののひとつと言えるだろう。意外にも、アイルランドでは他の国ほど飲まれておらず、主に観光客向けの飲み物となっている。その誕生秘話については、この国のラグビーボールの数と同じほどの様々な説がある。

誕生説

1940年代の初め、大西洋を横断する航空便のほとんどは、アイルランド西部にあるシャノン空港を経由していた。厳しい寒さの中で震えるアメリカ人の乗客たちを気の毒に思った一人のバーマンが、コーヒーにウイスキーを垂らすという名案を思い付いた。体が温まった乗客の一人が「このコーヒーはブラジルから来たのか？」、と尋ねると、そのバーマンは「いいえ、アイリッシュコーヒーです！」、と答えたという。シャノン空港にはこの逸話を記念する銅板が今でも飾られている。

材料

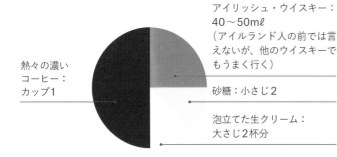

熱々の濃いコーヒー：カップ1

アイリッシュ・ウイスキー：40〜50mℓ（アイルランド人の前では言えないが、他のウイスキーでもうまく行く）

砂糖：小さじ2

泡立てた生クリーム：大さじ2杯分

作り方

01 グラスにコーヒー、砂糖、ウイスキーを入れる。

02 砂糖を溶かすためにステアする（混ぜる）。

03 泡立てた生クリームを液体と混ざらないようにそっと表面に浮かべる。

04 シナモンやチョコレートなどを加えて、アレンジしてもいい。

OLD FASHIONED／オールド・ファッションド

アメリカのTVドラマシリーズ、「マッドメン」のファンであるならば、主人公が全シーズンを通して何リットルも飲んでいたこのカクテルの名に馴染みがあるだろう。

誕生説

場所を大西洋の向こうのアメリカ大陸、ケンタッキー州、ルイヴィルに移し、時を1881年〜1884年まで遡る。あるバーマンが、オールド・ファッションド・ウイスキーというバーボンの蒸留所の所有者、E・ペッパーに敬意を表して同名のカクテルを考案した。ペッパー氏はこれをいたく気に入り、行く先々でオーダーしたため、その名は広く知られるようになった。やがて、このカクテルに使うグラスにも同じ名称が付けられるほど有名になった。オールド・ファッションドをオールド・ファッションド・グラスで味わうのが定番の飲み方となった！

アメリカの禁酒法時代、取締りを避けるために、別のレシピが考案された。アルコールの匂いを隠すために、レモンの皮とスパークリング・ウォーターを加えたものである。

材料

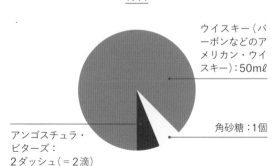

ウイスキー（バーボンなどのアメリカン・ウイスキー）：50mℓ

角砂糖：1個

アンゴスチュラ・ビターズ：2ダッシュ（＝2滴）

作り方

美味しいオールド・ファッションドを作るのは難しくない！

01 グラスに角砂糖を入れて、アンゴスチュラ・ビターズをふりかけて浸み込ませる。

02 さらに、ウイスキーを1滴垂らす。

03 角砂糖を砕いて、完全に溶けるまでバースプーンでかき混ぜる。

04 氷を入れ、ウイスキーを注ぐ。

05 仕上げに、スライスオレンジとマラスキーノチェリーを添える。

MANHATTAN／マンハッタン

このカクテルの舞台はニューヨーク。世界のカクテルシーンを常に先導している街だ。
マンハッタンは、ウイスキーと他のアルコールを調和させた、珍しいカクテルのひとつである。

誕生説

最も有名な説は、後にウィンストン・チャーチルの母になる女性が、ニューヨークのマンハッタン・クラブでパーティーを開いた時に考案されたという説である。

だが、実話の可能性が高いのは次の説のほうである。1890年、最高裁判所の判事であったチャールズ・ヘンリー・トゥルアックスは、マティーニを大量に飲んでいたために肥満に悩まされていた。この悪癖を断ち切るために、行きつけの店のバーマンに、マティーニの味を少し残しつつ、別のカクテルを作るようオーダーした。判事が体重を減らすことができたかについては、記録は残っていない……。

材料

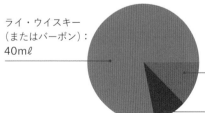

ライ・ウイスキー
（またはバーボン）：
40mℓ

ヴェルモット・ロッソ：
20mℓ

アンゴスチュラ・ビターズ：
4ダッシュ

作り方

ミキシンググラスを使う。

01 ミキシンググラスに全ての材料を入れる。

02 氷を加える。

03 バースプーンでステアする。

04 ミキシンググラスにストレーナーをはめて、氷を押さえながら、液体のみをカクテルグラスに注ぐ。

05 グラスの底に、ピンに刺したチェリーを沈める。

MINT JULEP／ミント・ジュレップ

とびきり爽快なカクテル。作り方もシンプルだ！ このカクテルは中身だけでなく器も大事。伝統的には銀製のカップでサーブされる。モヒートから離れて、ミント・ジュレップをぜひ試してみてほしい！

誕生説

5世紀に遡るペルシャの飲み物、ジュラブを起源とする。水、砂糖、ハチミツ、果物で作られるノンアルコール飲料で薬として飲まれていたものだ。

18世紀、地中海沿岸で、ミントとスピリッツを配合したジュレップが好んで飲まれるようになった。

ミント・ジュレップに関する最初の記述は、1787年、アメリカのヴァージニア州に住むある紳士によって書き残された。当初はコニャックかラムで作られていた。ウイスキーで作られるようになったのは20世紀初頭からだ。

 ジョルジュのアドバイス

ミント、シロップ、ビターズの調合物を事前に作り、冷蔵庫で数時間冷やしておく。こうすると、ミントの香りがウイスキーによく浸透する。

材料

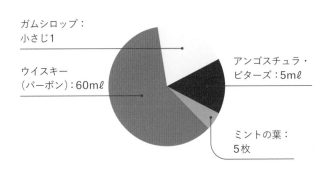

ガムシロップ：
小さじ1

ウイスキー
（バーボン）：60mℓ

アンゴスチュラ・
ビターズ：5mℓ

ミントの葉：
5枚

作り方

ミキシンググラスを使う。

01 カクテルを作る10分前に、カクテルグラスを冷凍庫に入れる。

02 ミキシンググラスにミントを入れ、ペストルでミントの葉を軽く押し潰す（茎の部分を取り除いて、葉を適度に押し潰す）。

03 カクテルグラスにミント、ガムシロップ、ビターズを入れて混ぜる。

04 カクテルグラスにクラッシュドアイスをたっぷり入れて、ウイスキーを注ぐ。

05 軽くステアする。

06 ミントの葉を飾る。

WHISKY SOUR／ウイスキーサワー

サワー（「酸味が強い」という意味）のよいところは、ほぼどの
スピリッツ（ピスコ、ブランディー、ウイスキー、ジン、ラム）
でも作れることだ。後は卵白、柑橘系の果物、砂糖といったシ
ンプルな材料を用意するだけでいい。

誕生説

レシピが最初に書き記されたのは、1862年に出版されたジェ
リー・トーマス著の「バーテンダーズ・ガイド」だった。だが、
サワーの基本的なレシピはその1世紀以上前からすでに存在し
ていた。当時、特に欧州と北米間の航海は永遠に続くと思わ
れるほど長く、冷蔵保存という技術は存在せず、ありとあら
ゆる衛生上の問題が発生していた。水でさえ飲めなくなるほ
どで、水兵たちを病で脅かすほどだった。そのため、水兵た
ちには（喉がからからに渇かないように）一定量の酒が配給
されていた。だが、水兵たちが酔っぱらって暴れること
が多かったため、英国海軍のエドワード・バーノンと
いう提督が、配給する酒にいろいろな混ぜ物をす
ることを思い付いた。当時はラムに、レモンま
たはライムの果汁（もともとは航海中の壊血
病予防のため）が加えられていた。こうして
サワーは誕生した。

材料

ウイスキー（バー
ボン）：50mℓ

レモンジュース：
30mℓ

卵白（好みで）：
少々

シュガー
シロップ：
20mℓ

作り方

シェーカーで作る。

01 カクテルグラスに氷を入れて冷やしておく。

02 シェーカーのボディの2/3まで氷を入れる。

03 シェーカーのトップに卵白以外の材料を入れる。

04 カクテルグラスの氷を捨てる。シェーカーのトップに入れ
た材料をボディに移す。

05 シェーカーを閉めて6〜10秒間、しっかりと振る。スト
レーナーで氷を押さえながら、液体のみをカクテルグラス
に注ぐ。

06 グラスの縁に、ピンに刺したチェリーか、レモンまたはオ
レンジのスライスを飾る。

07 カクテルにとろみを付けるために、卵白を少々加えてもよ
い。この場合、氷を入れず、まず一度ドライシェイクをす
る必要がある。このバージョンはボストン・サワーと呼ば
れている。

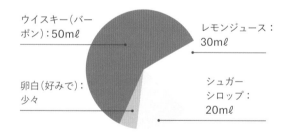

ジョルジュのアドバイス

シュガーシロップがない場合は、白糖を炭酸水で溶かし
たものを使用する。

SAZERAC / サゼラック

オリジナルはコニャックベースだが、ウイスキーバージョンもある。

誕生説

ニューオーリンズで、サンドマングから亡命してきたアントワーヌ・アメデ・ペイショーという人物が1837年に薬局を買った。同氏は強壮剤としてアロマティック・ビターズのリキュールを考案した。ペイショーズ・ビターズの誕生だ。その後、サゼラック・コーヒーハウスの店主で、コニャックを造っていたフランスのリモージュ地方の会社、サゼラック・ド・フォルジュ＆フィスの現地所長だったジョン・B・シラー氏と出会った。両氏は共同で事業を行い、幸運にも成功を収めた。コニャックベースのオリジナルのサゼラックを考案したのは、レオン・ラモットという人物だった。しかし19世紀末、フランスでぶどうの根に寄生する害虫、フィロキセラが猛威を振るい、コニャックの生産が壊滅状態に追いやられた。この時、トーマス・H・ハンディ氏がサゼラック・コーヒーハウスを買収し、コニャックの代わりにライ・ウイスキーを使用するようになった。こうして、ウイスキーベースのサゼラックが生まれた。

材料

シュガーシロップ：
10ml

ウイスキー
（バーボン）：60ml

グラスに香りを付けるためのアニス系スピリッツ（アブサントまたはパスティス）：10ml

ペイショーズ・ビターズ：
4ダッシュ

作り方

カクテルグラスで作る。

01 グラスに氷、アニス系スピリッツ、水を入れて冷やす。

02 グラスの中身を捨てる。

03 グラスにアニス系のスピリッツ以外の材料を注ぎ、ステアする。

04 仕上げにレモンピールを飾る。

バーボンベースのカクテル

1tsp.(tea spoon)＝バー・スプーン1杯〈約5mℓ〉
1dash＝ビターズ・ボトル1振り分〈約1mℓ〉

AMERICAN PIE MARTINI /
アメリカンパイ・マティーニ

シェーカー＋マティーニグラス

バーボン：40mℓ
シュナップス：20mℓ
ブルーベリー・リキュール：20mℓ
クランベリージュース：20mℓ
アップルジュース：10mℓ
搾りたてのライム果汁：5mℓ

BLACK ROSE /
ブラック・ローズ

ミキシンググラス＋ロックグラス

バーボン：30mℓ
コニャック：30mℓ
グレナデン・シロップ：10mℓ
ペイショーズ・ビターズ：3dsh
アンゴスチュラ・ビターズ：1dsh

BRIGHTON PUNCH /
ブライトン・パンチ

シェーカー＋コリンズグラス

バーボン：50mℓ
ベネディクティン：50mℓ
コニャック：50mℓ
パイナップルジュース：80mℓ
搾りたてのレモン果汁：60mℓ

AMERICANA /
アメリカーナ

ロンググラス＋フルートグラス

角砂糖：1個
アンゴスチュラ・ビターズ：4dsh
バーボン：20mℓ
シャンパーニュ（フルートグラスが
一杯になるまで注ぐ）

BLINKER /
ブリンカー

シェーカー＋フルートグラス

バーボン：60mℓ
グレナデン・シロップ：10mℓ
フレッシュ・グレープフルーツ
ジュース：30mℓ

BROOKLYN #1 /
ブルックリン #1

ミキシンググラス＋マティーニグラス

バーボン：70mℓ
マラスキーノ：10mℓ
マルティーニ・ヴェルモット・
ロッソ：20mℓ
アンゴスチュラ・ビターズ：3dsh

AVENUE /
アヴェニュー

シェーカー＋マティーニグラス

パッションフルーツ：1個
バーボン：30mℓ
カルバドス：30mℓ
グレナデン・シロップ：10mℓ
オレンジフラワー・ウォーター：数滴
オレンジビターズ：1dsh
冷たいミネラルウォーター：2mℓ

BLUEGRASS /
ブルーグラス

シェーカー＋マティーニグラス

長さ4cmにカットしたキュウリスティ
ック：1個（皮を剝いてカットし、ペ
ストルで押し潰す）
バーボン：50mℓ
アペロール：20mℓ
シュガーシロップ：数滴
アンゴスチュラ・ビターズ：1dsh
オレンジビターズ：1dsh

BROWN DERBY /
ブラウン・ダービー

シェーカー＋フルートグラス

バーボン：50mℓ
ピンクグレープフルーツジュース：
30mℓ
メイプルシロップ：10mℓ

バーボンベースのカクテル

DAISY DUKE /
デイジー・デューク

シェーカー＋ロックグラス

バーボン：60mℓ
グレナデン・シロップ：20mℓ
搾りたてのレモン果汁：30mℓ

FRISCO SOUR /
フリスコ・サワー

シェーカー＋ロックグラス

バーボン：60mℓ
ベネディクティン：20mℓ
レモンジュース：20mℓ
シュガーシロップ：10mℓ
卵白：1/2個

MAPLE LEAF /
メイプル・リーフ

シェーカー＋ロックグラス

バーボン：60mℓ
搾りたてのレモン果汁：20mℓ
メイプルシロップ：10mℓ

DANDY COCKTAIL /
ダンディ・カクテル

ミキシンググラス＋マティーニグラス

バーボン：50mℓ
トリプルセック：2mℓ
デュボネ：50mℓ
アンゴスチュラ・ビターズ：1dsh

FRUIT SOUR /
フルーツ・サワー

シェーカー＋ロックグラス

バーボン：30mℓ
トリプルセック：30mℓ
搾りたてのレモン果汁：30mℓ
卵白：20mℓ

MAPLE OLD FASHIONED /
メイプル・オールド・
ファッションド

ミキシンググラス＋ロックグラス

バーボン：60mℓ
アンゴスチュラ・ビターズ：2dsh
メイプルシロップ：20mℓ

DE LA LUISIANE /
ド・ラ・ルイジアーヌ

ミキシンググラス＋マティーニグラス

バーボン：60mℓ
ベネディクティン：10mℓ
アンゴスチュラ・ビターズ：1dsh
冷水：20mℓ

MAN-BOUR-TINI /
マン－ブール－ティーニ

シェーカー＋マティーニグラス

バーボン：20mℓ
マンダリン・ナポレオン：30mℓ
搾りたてのライム果汁：20mℓ
クランベリージュース：60mℓ
シュガーシロップ：10mℓ

MOCHA MARTINI /
モカ・マティーニ

シェーカー＋マティーニグラス
（シェイクした後、生クリームを中央に
浮かべる）

バーボン：50mℓ
熱々のエスプレッソコーヒー：30mℓ
ベイリーズ：2mℓ
クレーム・ド・カカオ：2mℓ
生クリーム：2mℓ（カクテルの中央に
浮かべる）

バーボンベースのカクテル

RED APPLE /
レッドアップル

シェーカー＋マティーニグラス

バーボン：50mℓ
アップルリキュール：20mℓ
クランベリージュース：60mℓ

TOAST AND ORANGE MARTINI /
トースト＆オレンジ・マティーニ

シェーカー＋マティーニグラス

バーボン：60mℓ
オレンジ・マーマレード：1tsp
（ティースプーン）
ペイショーズ・ビターズ：3dsh
シュガーシロップ：数滴

WALDORF COCKTAIL No.1 /
ウォルドルフ・カクテル No.1

ミキシンググラス＋フルートグラス

バーボン：60mℓ
ベルモット・ロッソ：30mℓ
アブサント：5mℓ
アンゴスチュラ・ビターズ：2dsh

SHAMROCK #1 /
シャムロック #1

ミキシンググラス＋マティーニグラス

バーボン：70mℓ
クレーム・ド・ミント・グリーン：
1mℓ
ベルモット・ロッソ：30mℓ
アンゴスチュラ・ビターズ：2dsh

VIEUX CARRE COCKTAIL /
ヴュー・カレ・カクテル

ミキシンググラス＋ロックグラス

バーボン：30mℓ
コニャック：30mℓ
ベネディクティン：10mℓ
ベルモット・ロッソ：30mℓ
アンゴスチュラ・ビターズ：1dsh
ペイショーズ・ビターズ：1dsh

WARD EIGHT /
ワード・エイト

シェーカー＋マティーニグラス

バーボン：70mℓ
搾りたてのレモン果汁：20mℓ
搾りたてのオレンジ果汁：20mℓ
グレナデン・シロップ：10mℓ
冷たい水：20mℓ

SUBURBAN /
サバーバン

ミキシンググラス＋ロックグラス

バーボン：50mℓ
ラム：20mℓ
ポルト・アンブレ：20mℓ
アンゴスチュラ・ビターズ：1dsh
オレンジビターズ：1dsh

VIEUX NAVIRE /
ヴュー・ナヴィール

ミキシンググラス＋フルートグラス

カルバドス：30mℓ
バーボン：30mℓ
ベルモット・ロッソ：30mℓ
ビターズ：1dsh
メイプル・ビターズ：1dsh

JERRY THOMAS
ジェリー・トーマス
（1830-1885）

この本を読みながら、美味しいカクテルを味わう方には、ジェリー・トーマスの物語は
きっと興味深いだろう。彼はミクソロジーの創始者と言われている。

1830年ニューヨーク生まれの彼は「ゴールドラッシュ」の時代に、金鉱を一発当てようと奮起して、カリフォルニア州へと渡った。その当時からバーテンダーの仕事をしていたが、金で一攫千金のほうはあまり成功しなかった。

21歳の時にニューヨークへ戻り、「バーナム・アメリカン・ミュージアム」内に自身が経営するパブを開く。彼の技と所作は実に洗練されたもので、銀製の道具は人目を引いた。派手な衣装も話題となった。この時、彼は自分でも知らないうちに、後に「フレア」と呼ばれるようになる、ボトルやシェーカーを曲芸的に投げ回してカクテルを作るスタイルを編み出しつつあった。

アメリカ全土、ヨーロッパを巡り、その行く先々で彼の華麗なテクニックは喝采を浴び、多くのバーテンダーにコピーされた。当時としては米副大統領よりも多い、週給100＄以上の報酬を手にしていた。

31歳の時、全米史上初のカクテルに関する書物、「バーテンダーズ・ガイド」を執筆。当時のバーテンダーはレシピを口伝えで受け継ぎ、伝統的なカクテル（パンチ、サワーなど）に自分なりのアレンジを加えたり、オリジナルのカクテルを発案したりしていたため、レシピを体系的にまとめたこの書物は画期的なものであった。

ジェリー・トーマスは何よりもまず、新たなテクニックとオリジナルカクテルを精力的に生み出したクリエーターである。最も有名な作品のひとつに、「ブルー・ブレイザー」がある。ウイスキーに火をつけ、2つの鉄製のマグの間を行き来させて、火の弧を描いて見せるという、演出効果抜群のカクテルである。店に入るなり、「胃袋まで震わせる神の火を1杯くれ」、とわめくほど、このカクテルに夢中だった客がいたという逸話もある。

ブレンデッド・ウイスキーベースのカクテル

DRAM MIEL & CONFITURE /
ドラム・ハニー＆ジャム

ミキシンググラス＋マティーニグラス

ブレンデッド・スコッチウイスキー：
60mℓ
リキッドハニー：4tsp
搾りたてのレモン果汁：30mℓ
搾りたてのオレンジ果汁：30mℓ

GOLD /
ゴールド

シェーカー＋マティーニグラス

ブレンデッド・スコッチウイスキー：
50mℓ
トリプルセック：30mℓ
バナナリキュール：30mℓ
冷水：20mℓ

HOT TODDY /
ホット・トディ

ロンググラス＋トディグラス

リキッドハニー：1tsp
ブレンデッド・スコッチウイスキー：
60mℓ
レモンジュース：20mℓ
シュガーシロップ：20mℓ
ドライクローブ：3個
最後に熱い湯を加える。

FRENCH WHISKY SOUR /
フレンチ・ウイスキーサワー

シェーカー＋ロックグラス

ブレンデッド・スコッチウイスキー：
60mℓ
リカー：15mℓ
搾りたてのレモン果汁：30mℓ
シュガーシロップ：15mℓ
卵白：1/2個
アンゴスチュラ・ビターズ：3dsh

HAROLD AND MAUDE /
ハロルド・アンド・モード

シェーカー＋フルートグラス

ブレンデッド・スコッチウイスキー：
30mℓ
ラム：20mℓ
レモンジュース：20mℓ
ローズシロップ：10mℓ
ラベンダーシロップ：5mℓ

MAMIE TAYLOR /
マミー・テイラー

ロンググラス＋コリンズグラス

ブレンデッド・スコッチウイスキー：
60mℓ
搾りたてのレモン果汁：10mℓ
最後にジンジャーエールを加える。

GE BLONDE /
ジー・ブロンド

シェーカー＋マティーニグラス

ブレンデッド・スコッチウイスキー：
50mℓ
白ワイン（ソーヴィニョン・ブラン）：
40mℓ
アップルジュース：30mℓ
シュガーシロップ：10mℓ
搾りたてのレモン果汁：10mℓ

HONEY COBBLER /
ハニー・コブラー

ミキシンググラス（ハニーとウイスキーを
ステア）／シェーカー（他の材料を加えて
シェイク）＋フルートグラス

リキッドハニー：2tsp
ブレンデッド・スコッチウイスキー：
50mℓ
赤ワイン：30mℓ
クレーム・ド・カシス・ド・ブルゴーニュ：
10mℓ

MANICURE /
マニキュア

ミキシンググラス＋フルートグラス

カルバドス：30mℓ
ブレンデッド・スコッチウイスキー：
30mℓ
ドランブイ（スコッチリキュール）：
30mℓ

ブレンデッド・ウイスキーベースのカクテル

MARTINI GRENADE /
グレナデン・マティーニ

シェーカー＋マティーニグラス

ウォッカ：60mℓ
グレナデンジュース：40mℓ
グレナデン・シロップ：10mℓ

PAISLEY MARTINI /
ペイズリー・マティーニ

ミキシンググラス＋マティーニグラス

ジン：80mℓ
ブレンデッド・スコッチウイスキー：
10mℓ
ベルモット・エクストラドライ：
20mℓ

PINEAPPLE BLOSSOM /
パイナップル・ブラッサム

シェーカー＋マティーニグラス

ブレンデッド・スコッチウイスキー：
60mℓ
パイナップルジュース：30mℓ
レモンジュース：20mℓ
シュガーシロップ：20mℓ

MORNING GLORY FIZZ /
モーニング・グローリー・フィズ

シェーカー＋コリンズグラス

ブレンデッド・スコッチウイスキー：
60mℓ
搾りたてのレモン果汁：20mℓ
シュガーシロップ：20mℓ
卵白：1/2個
アブサント：1dsh
最後に炭酸水を注ぐ。

PEAR SHAPED #2 /
ペア・シャイプド＃2

シェーカー＋コリンズグラス

ブレンデッド・スコッチウイスキー：
60mℓ
コニャック：30mℓ
フレッシュ・アップルジュース：
90mℓ
搾りたてのライム果汁：20mℓ
バニラ風味のシュガーシロップ：10mℓ

SCOTCH MILK PUNCH /
スコッチ・ミルクパンチ

シェーカー＋マティーニグラス

ブレンデッド・スコッチウイスキー：
60mℓ
シュガーシロップ：10mℓ
生クリーム：20mℓ
ミルク：30mℓ

SCOTCH NEGRONI /
スコッチ・ネグローニ

ミキシンググラス＋
オールド・ファッションド・グラス

ブレンデッド・スコッチウイスキー：30mℓ
カンパリ・ビター：30mℓ
ベルモット・ロッソ：30mℓ

シングルモルトベースのカクテル

AMBER NECTAR /
アンバー・ネクター

ミキシンググラス＋フルートグラス

ブレンデッド・ウイスキー：60mℓ
ピーティーなシングルモルト：10mℓ
リキッドハニー：2tsp
ベルモット・エクストラ・セック：30mℓ

MIDTOWN MUSE /
ミッドタウン・ミューズ

ミキシンググラス＋マティーニグラス

シングルモルト：40mℓ
メロンリキュール：20mℓ
リコール43リキュール：20mℓ
アンゴスチュラ・ビターズ：数滴
水：20mℓ

WHISKY BUTTER /
ウイスキー・バター

シェーカー＋マティーニグラス

ブレンデッド・ウイスキー：40mℓ
シェリー・フィノ：30mℓ
シャルトルーズ（若いもの）：10mℓ
アドヴォカート：20mℓ
ピーティーなシングルモルト：10mℓ
（仕上げに、カクテルの表面に注ぐ）

DANTES IN FERNET /
ダンテ・イン・フェルネット

シェーカー＋フルートグラス

シングルモルト：30mℓ
ビター・フェルネット・ブランカ：60mℓ
ブラッドオレンジジュース：30mℓ

メイプルシロップ：10mℓ
ビター・ショコラトル・モーレ：数滴

ベイリーズベースのカクテル

ABSINTHE WITHOUT LEAVE /
アブサント・ウィズアウト・リーヴ

プース・カフェ・スタイル（層を形成する
スタイル）＋ショットグラス

ピサン・アンボン・リキュール：20mℓ
ベイリーズ：20mℓ
アブサント：10mℓ

B52 SHOT /
B52ショット

プース・カフェ・スタイル＋
ショットグラス

コーヒーリキュール：20mℓ
ベイリーズ：20mℓ
グランマルニエ：20mℓ

APACHE /
アパッチ

プース・カフェ・スタイル＋
ショットグラス

コーヒーリキュール：20mℓ
グリーンメロンリキュール：10mℓ
ベイリーズ：10mℓ

LEMON MERINGUE MARTINI /
レモン・メレンゲ・マティーニ

シェーカー＋マティーニグラス

ウォッカ：60mℓ
ベイリーズ：30mℓ
搾りたてのレモン果汁：30mℓ
シュガーシロップ：10mℓ

MARTINI CHOCOLAT /
チョコレート・マティーニ

ミキシンググラス＋マティーニグラス

ウォッカ：60mℓ
クレーム・ド・カカオ・ホワイト：20mℓ
ベイリーズ：20mℓ
ヘーゼルナッツリキュール：20mℓ
ブラックベリーリキュール：20mℓ
生クリーム：20mℓ
ミルク：20mℓ

G | ジョルジュ：
バーテンダー

カクテルの中には「プース・カフェ・スタイル」で作ったほうがよいものがある。材料を比重の重いものから順々に、スプーンにとってそっとグラスに流し入れ、ステアせずに、幾層にも重なった液体の層を目で楽しむカクテルだ。

JOHN WALKER
ジョン・ウォーカー
（1781-1857）

名高き銘酒を生んだ偉人について語る時が来た。

ジョ ニーという仇名で呼ばれていたジョン・ウォーカーの人生は、最初から順風満帆というわけ
ではなかった。14歳の時に父親が他界したため、農場を売却し、残った財産でスコットラン
ドのキルマーノックという町で小さな食料品店を開いた。ジョニーは非常に商才にたけており、
すぐに町一番の商人の一人となった。彼が特に興味を持っていたのがウイスキーだった。当時、スコット
ランドの食料品店の多くは、シングルモルトを備蓄していたが、その品質にはかなりのばらつきがあった。
そこで、ジョニーはいつでも安定した味わいのウイスキーを提供するために、ウイスキーをブレンドする
ことを思い付いた。

ジョニーが1857年に他界した後は、息子のアレクサンダーが店を継ぎ、ウイスキーを主力商品に据えて
事業をさらに発展させた。「オールド・ハイランド・ウイスキー」という銘柄を登録し、輸送時の破損を
避けるためにあの有名な角ボトルを開発した。また、できるだけ多くの港町にウイスキーが普及するよう
に、船長を営業マンとして活用した。2015年の時点でジョニーウォーカーが世界第三位の販売量を誇る
までになったのは、こうした戦略に負うところが多い。

ウイスキーベースのアルコール

ウイスキーは孤高の存在というわけではない。スタイルの異なる数々の派生物が存在する。

リキュール

ウイスキー・リキュールはスコッチまたはアイリッシュ・ウイスキーに、様々なレシピに沿って香味料、香辛料、ハチミツ、その他の材料を加えたものである。アルコール度数は15%前後で、20%を超えることはない。最も有名で最も古いリキュールのひとつとして、20世紀初めに登場したドランブイ（ゲール語で「満足のいく酒」という意味）がある。その主な材料はブレンデッド・スコッチウイスキーとヒースのハチミツだ。

クリーム・リキュール

一番有名なのはベイリーズ！ スーパーマーケットでこのボトルを見ないことはまずない。ジョニーウォーカー、J＆Bを所有する世界的なウイスキー・メーカー大手、ディアジオ社のブランドである。砂糖、クリーム、アイリッシュ・ウイスキー、数種類のハーブで造られる。シングルモルトのエドラダワーをベースとしたエドラダワー・クリーム・リキュールなど、他のバリエーションもある。

スコッチとアイリッシュを融合したリキュール

ウイスキーのライバル同士が和解した飲み物がラスティ・ミストだ！アイリッシュミスト（アイルランドの氏族長に供されていたヒースワインを想起させる、ハチミツとハーブを加えたアイリッシュ・ウイスキーのリキュール）とドランブイを組み合わせたもの。酒が取り持つ仲、と言えそうだ。

ディスティラリー（蒸留所）はどう反応している？

ディスティラリーは、こうしたアルコール飲料を否定的な目で見ていると思われるかもしれないが、そんなことはない。多くのメーカーが独自のレシピで多様なリキュールを売り出している。新規顧客の開拓にうってつけで、これまでにない斬新な味を提案するための好機と捉えられている。

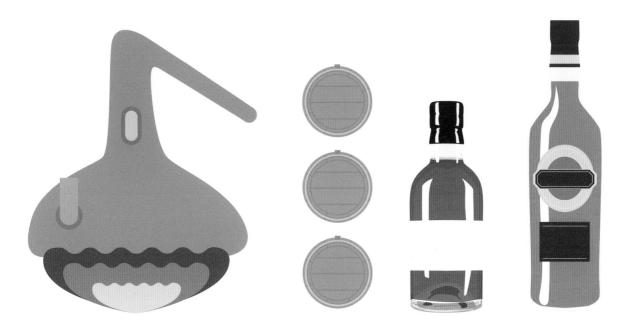

アロマタイズド・ウイスキー？

ライム漬け、ハチミツまたはフルーツ風味のウイスキー？驚くことはない。この種のお酒はウイスキーではなく、ウイスキーベースのスピリッツというカテゴリーに入る。ウイスキーはアルコール度数が40％以上になるが、これらのスピリッツは35％前後である。

ウイスキーが好きではない人、その味に慣れていない人向けのお酒であり、また、カクテルに斬新なフレーバーを加味してくるお酒でもある。本物ではないと言って、あまり軽視しないように。大手メーカーは伝統的なウイスキーだけでなく、こうしたスピリッツも商品として定着させるために、膨大な開発費を注ぎ込んでいる。

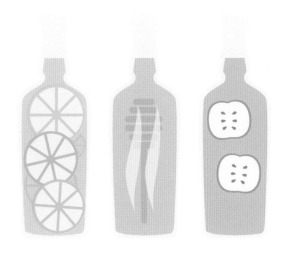

N͞6

ウイスキー産地を巡る

━━━ **ウ** イスキーボトルを買うのは楽しいが、その産地を知るのはもっと楽しい。それから身近な蒸留所を訪問してみる。テイスティング会を開くための、あるいはコレクションに加えるためのボトルを探してもいい。それがウイスキーの産地を巡る目的だ！ ウイスキーに出合うまでは想像もしなかった土地を探検してみよう！

SCOTLAND／スコットランド

ウイスキーと聞いてまず思い浮かぶのがスコットランドだ！

スケールの大きい生産国

その生産量は膨大なものだ。蒸留所は100軒以上あり、シングルモルト（ブレンデッド・ウイスキーを含めない）の銘柄は200近くもある。年間の輸出量は39億5千万スターリング・ポンド相当で、1秒に40本のボトルが世界に出荷されているという計算になる。

産地

1980年代から、ウイスキー業界は消費者に分かりやすくするために、ウイスキーを産地（テロワール）別に分類することに決めた。ワインのブルゴーニュ地方、ボルドー地方などに類似した分類だが、それほど厳密ではない。大麦はスコットランド産に限定されている訳ではなく、その多くは海外から輸入されているからだ。しかし、水、製造技術、慣習などの影響で、産地特有のスタイルが生まれる傾向にある（スペイサイド・スタイルなど）。ただしもちろん、例外はある！

幽霊の出るディスティラリー

スコットランドは幽霊屋敷で世界的に有名な国である。ウイスキーにまつわる幽霊話といえば、キャンベルタウン地方のグレンスコシア（Glen Scotia）蒸留所の話がある。1928年、経営者の一人だったダンカン・マッカラムは蒸留所を畳まざるを得なくなり、1930年に湖で入水自殺をした。地元に残る伝説では、1933年に製造を再開した蒸留所に、彼の霊が今も棲みついている、と言われている。

HIGHLANDS／ハイランド

ISLAY／アイラ島

CAMPBELTOWN／キャンベルタウン

ウイスキーのストックは不足している?

よく聞く噂とは異なり、スコッチ・ウイスキーの貯蔵庫には、まだまだ十分な原酒が眠っている! 2,000万個以上の樽が出番を静かに待っている。しかし消費量が急増しているため、NAS(ノン・エージ・ステートメント)と呼ばれる、熟成年数を表記しないカテゴリーのウイスキーが市場で増えている。年数が表記されていなくても、確実に3年以上熟成させたスコッチ・ウイスキーであり、メーカーは増え続ける需要に応えるために、より早く出荷できるスタイルのウイスキーとしてNASを出している。

約6,000万円の値が付いたウイスキー

2010年、ニューヨークのオークションで前例にないほどの高値で落札されたボトルがある(ラリック製のクリスタル・デカンタに詰められた、1.5ℓのウイスキーである)。銘柄はザ・マッカラン・シングルモルト64年。すごいウイスキーもあるものだ……。

SPEYSIDE／スペイサイド

THE MACALLAN SINGLE
MALT DE 64 ANS D'ÂGE
ザ・マッカラン・
シングルモルト64年

LOWLANDS／ローランド

スコットランドの日本系メーカー

日本のサントリーは、スコットランドにAuchentoshan(オーヘントッシャン)、Bowmore(ボウモア)、Glen Garioch(グレンギリー)の3軒の蒸留所を所有している。ニッカはBen Nevis(ベン・ネヴィス)を所有している。このため、少量のスコッチ・ウイスキーが日本産のブレンデッド・ウイスキーに配合されているという伝説まであるようだ……。

タータン

少し脱線するが、スコットランドといえばタータンでもある。この織物を身につけたスコットランド人に出会ったことはあるだろうが、特にキルト（男性用のスカート状の伝統衣装）の下はどうなっているのか、柄の違いに意味があるのかなどに興味を持っている人もいるはずだ。

タータンとは？

色の濃い地に、縦縞と横縞が交差する格子柄の織物。ハイランド地方を起源とする、ケルト民族の伝統織物である。スコットランドの男性が着用するキルトが特に有名。

歴史のお話

タータンという言葉が最初に文書に現れたのはスコットランドで、1538年のことである。1700年頃、タータンの柄は地域（デイストリクト）ごとに異なっていて、その柄を見ればどの地域の住民か分かるようになっていた。しかし、チャールズ・エドワード・スチュアートの反乱後、イングランドがスコットランドを侵略し、1747年にタータンの着用を禁止した。1820年頃、タータンの模様が織物職人の手記より復元され、スコットランドの伝統織物は蘇った。19世紀末には、由緒ある氏族（クラン）がそれぞれ固有の柄のタータンを持ち、その家の象徴として用いるようになった。

タータンを見れば、身分や階級がわかる。

着用しているタータンの色で、
身分や階級を知ることができたと言われている。

1色：使用人
2色：農民
3色：将校
5色：氏族長
6色：司祭、詩人
7色：王族

戦のタータンは赤と決まっていた。

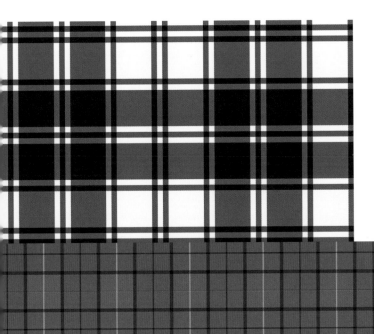

キルトって?

スコットランドの男性が着用するタータンの襞付巻きスカートだが、ついつい妄想してしまうことがある。その下に下着を穿いているのか否か、である。その答えはスコットランド軍の規則の中にある。下着を身につけずにキルトを着用することは、「連隊」の正装となっている。これで、記念式典などで見るスコットランド連隊の行進が、今までとは違う風に目に映るかもしれない。キルトを穿いてウイスキーを味わってみたいという方は、右足の靴に護身用のナイフ、スキヤンドゥを忍ばせるのをお忘れなく。

タータンには登録制度がある!

商標と同じように、タータンのパターンは、スコットランド・タータン登記所により保護されている。個人でも独自のパターンを作り、登記所の認定を得ることが可能だ。あの有名なマクレガー・タータンのように、あなたのパターンが一世を風靡する日が来るかもしれない。

氏族(クラン)の歴史

スコットランドの伝統社会は、血の結び付きを重んじる氏族(クラン)制度の上に成り立っていた。現在もその伝統は残っている。どのクランに属しているかは、姓名とタータンの色柄で識別できるようになっている。氏族長の権威は絶対的なもので、一族の未来、同盟か戦争かの選択はその手に委ねられていた。

 | **タータンとパンク**

1970年代、上流階級層を批判するために、パンクに傾倒した若者たちがタータンをわが物顔で身につけた。スコットランドの権力の象徴を嘲ることが目的だった。

 | **タータンデー**

スコットランドと北米に移民したスコットランド人の子孫の歴史的な関係を祝う日がある。タータンデーは、1320年のアーブロース宣言(スコットランド王国の独立)の記念日である4月6日と定められている。

ISLAY／アイラ島

ごく小さな島だが、そのアイデンティティと不可分のウイスキーで世界的に有名となった産地である。

歴史

伝説によると、ウイスキーの歴史は、マク・ベーハー家が蒸留技術を携えてこの島に降り立った時に始まった。その子孫は貴族でありながら医者として活躍し、ウイスキーの原型であるウシュク・ベーハー（生命の水）を発明したと言われている。

 ジュラ島とウイスキー

ジュラ島に行くにはアイラ島のポート・アスケイグから渡らなければならない。到着したらそこには、1本の道路（車1台しか通れない）、1軒の蒸留所、1軒の宿があるだけだ。島民の数は200人以下だが、6,000頭以上の鹿が住んでいる。これほどの荒涼たる自然のなかで、蒸留所を運営するというのは、まさしく快挙と言える。ウイスキーとは関係ないが（だが、きっと飲んではいただろう）、英国の作家、ジョージ・オーウェルはこの島で小説の「一九八四」を書いた。

地理

スコットランド海岸から27km離れたアイラ島は、人口わずか3,000人の小島で、島内には4本の河川が流れている。蒸留所は8軒、モルティング業者は1軒ある。荒々しい波が打ち寄せる島の面積の1/4以上は、泥炭（ピート）で覆われている。大麦も見事に育つ。観光地化が一部進んではいるものの、島の大部分には原始的な自然が残っており、人々も優しさに溢れている。

フレーバー

アイラのウイスキーは、ピートの香味が際立っている。泥炭の性質はスコットランド本土のものと異なり、本土とは別種の苔類を含んで生成されている。また、世界で最もピーティー（スモーキー）なウイスキーはブルイックラディ蒸留所のオクトモアで、アイラ産である。だが、何でも一般化してしまうのはよくない。ブルイックラディ蒸留所、ブナハーブン蒸留所ではピートをわずかしか、さらには全く使わない製法のウイスキーも造っている。

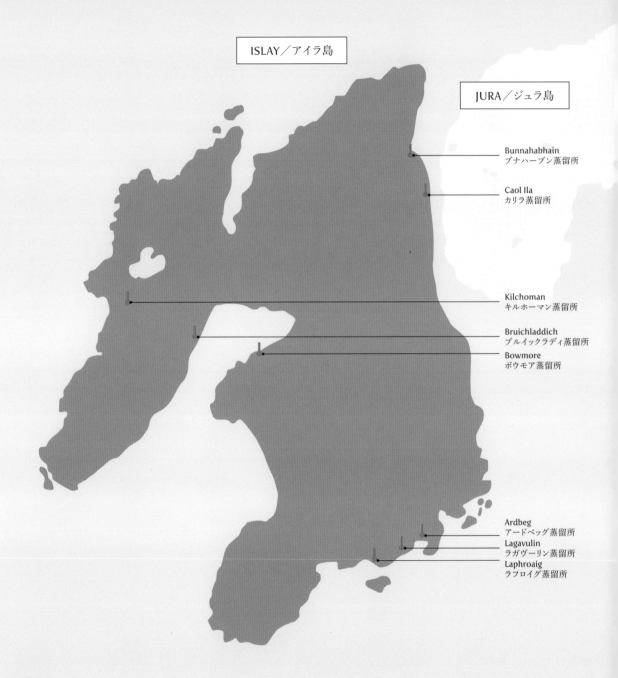

ISLAY／アイラ島

JURA／ジュラ島

Bunnahabhain
ブナハーブン蒸留所

Caol Ila
カリラ蒸留所

Kilchoman
キルホーマン蒸留所

Bruichladdich
ブルイックラディ蒸留所

Bowmore
ボウモア蒸留所

Ardbeg
アードベッグ蒸留所

Lagavulin
ラガヴーリン蒸留所

Laphroaig
ラフロイグ蒸留所

行き方

アイラ巡礼をあますところなく楽しみたいのであれば、移動ルートを事前に十分に練る必要がある。グラスゴーなどから島への航空便はあるが、そのルートだと、旅の魔法の一部を逃すことになる。最良のルートはグラスゴーからオーバン行きの列車に乗り（約3時間。息を呑むような素晴らしい風景が広がっている）、ジュラ島とアイラ島の上空を飛ぶ小型飛行機に乗ることだ。眼下に広がる荒々しい原始的な自然に心奪われることだろう。別の魅力的なルートとしてフェリーがある。海から島に近づくにつれて、蒸留所の輪郭が浮かび上がってくる光景も堪らない。

SPEYSIDE ／スペイサイド

ウイスキーの黄金の三角地帯と形容されることの多いスペイサイドは、ハイランド地方の中枢部である。ごく小さな土地に名だたる蒸留所が集中しており、独特な存在感を放っている。

歴史

荒々しい山々と奥深い森に囲まれているため、政府の目を逃れるための隠れ場を作るのに絶好の土地だった。そのため19世紀初め、厳しい酒税法の重圧から逃れるために、住民たちは地方当局と共犯でウイスキーの密造を行っていた。

フレーバー

スペイサイド・スタイルは、果実と花の香りが豊かに広がる、繊細でまろやかな香味を特徴とする。だが、この地方のウイスキーはこういうものだ、とあまり決めつけないようにしたい。型にはまったイメージからの脱却のために、多くの蒸留所が新しいスタイルのウイスキー造りを探求している。

地理

スペイサイドは南をケアンゴームズ国立公園、西をフィンド・ホーン川、東をデヴェロン川に囲まれた、スコットランドの行政地区である。ここには美味しいウイスキーを造るための条件が揃っている。
- スペイ川を始めとする4河川から得られる豊富な水
- 大麦の栽培に適した肥沃な土壌
- 年月をかけてじっくりと樽熟成を行うことができる冷涼で湿度の高い気候

ジョルジュの豆知識

ポピュラーなブレンデッド・ウイスキー（J＆B、クラン・キャンベル、ジョニーウォーカー）に配合されている原酒の一部は、スペイサイド産だ。

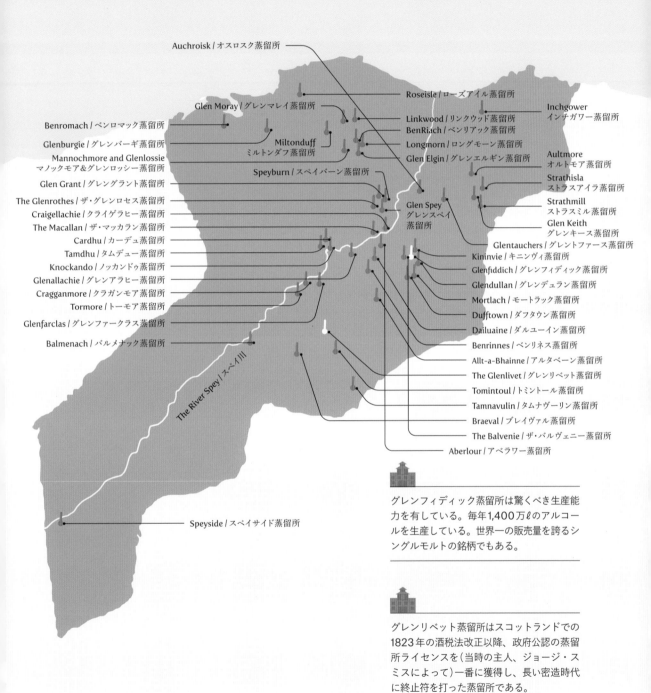

SPEYSIDE／スペイサイド

Auchroisk / オスロスク蒸留所

Roseisle / ローズアイル蒸留所

Glen Moray / グレンマレイ蒸留所

Linkwood / リンクウッド蒸留所

Inchgower
インチガワー蒸留所

Benromach / ベンロマック蒸留所

BenRiach / ベンリアック蒸留所

Glenburgie / グレンバーギ蒸留所

Miltonduff
ミルトンダフ蒸留所

Longmorn / ロングモーン蒸留所

Mannochmore and Glenlossie
マノックモア＆グレンロッシー蒸留所

Glen Elgin / グレンエルギン蒸留所

Aultmore
オルトモア蒸留所

Glen Grant / グレングラント蒸留所

Speyburn / スペイバーン蒸留所

Strathisla
ストラスアイラ蒸留所

The Glenrothes / ザ・グレンロセス蒸留所

Glen Spey
グレンスペイ
蒸留所

Strathmill
ストラスミル蒸留所

Craigellachie / クライゲラヒー蒸留所

Glen Keith
グレンキース蒸留所

The Macallan / ザ・マッカラン蒸留所

Glentauchers / グレントファース蒸留所

Cardhu / カーデュ蒸留所

Kininvie / キニンヴィ蒸留所

Tamdhu / タムデュー蒸留所

Glenfiddich / グレンフィディック蒸留所

Knockando / ノッカンドゥ蒸留所

Glendullan / グレンデュラン蒸留所

Glenallachie / グレンアラヒー蒸留所

Mortlach / モートラック蒸留所

Cragganmore / クラガンモア蒸留所

Dufftown / ダフタウン蒸留所

Tormore / トーモア蒸留所

Dailuaine / ダルユーイン蒸留所

Glenfarclas / グレンファークラス蒸留所

Benrinnes / ベンリネス蒸留所

Balmenach / バルメナック蒸留所

Allt-a-Bhainne / アルタベーン蒸留所

The Glenlivet / グレンリベット蒸留所

Tomintoul / トミントール蒸留所

Tamnavulin / タムナヴーリン蒸留所

The River Spey / スペイ川

Braeval / ブレイヴァル蒸留所

The Balvenie / ザ・バルヴェニー蒸留所

Aberlour / アベラワー蒸留所

Speyside / スペイサイド蒸留所

グレンフィディック蒸留所は驚くべき生産能力を有している。毎年1,400万ℓのアルコールを生産している。世界一の販売量を誇るシングルモルトの銘柄でもある。

グレンリベット蒸留所はスコットランドでの1823年の酒税法改正以降、政府公認の蒸留所ライセンスを（当時の主人、ジョージ・スミスによって）一番に獲得し、長い密造時代に終止符を打った蒸留所である。

- 167 -
SPEYSIDE／スペイサイド

LOWLANDS ／ローランド

文字通り「低地」を意味するローランドは、住民の多い地方であるが、蒸留所の数は意外に少ない。その理由は南をイングランド、北をハイランド地方に挟まれた、不利な地理的条件にある。

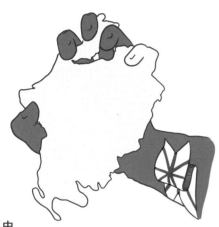

歴史

ローランド地方はイングランドと国境を接していることで、長い間苦しんだ。ハイランドとローランドの間にハイランド・ラインが設けられ、その境界線の両側で、ウイスキーにかかる酒税の税率が異なっていたのである。ハイランドにはより低い税率が適用されていた。このため、ローランドはイングランドでジンになる低質な蒸留酒の生産を増やした。しかしながら、イングランドの同業者がこのライバルの出現に反発し、18世紀に「ローランド・ライセンス・アクト」（蒸留所に対し、出荷の12か月前に申告を義務付ける法）を通過させた。これが原因で、ローランドの蒸留所は大規模なものまで、次から次へと廃業に追い込まれた。

地理

この地方にはグラスゴーやエディンバラなどの主要都市があり、全人口の80％が集中している。その土壌は大麦と小麦の栽培に適している。

フレーバー

軽やかでドライな味わいで、花とハーブの香りを帯びたスタイルが多い。

 グレーン・ウイスキーの蒸留所

スコットランドでグレーン・ウイスキーを製造している7軒の蒸留所のうち、6軒がこのローランド地方にある。主にブレンデッド・ウイスキー用に調合されるため、その生産量は膨大である。

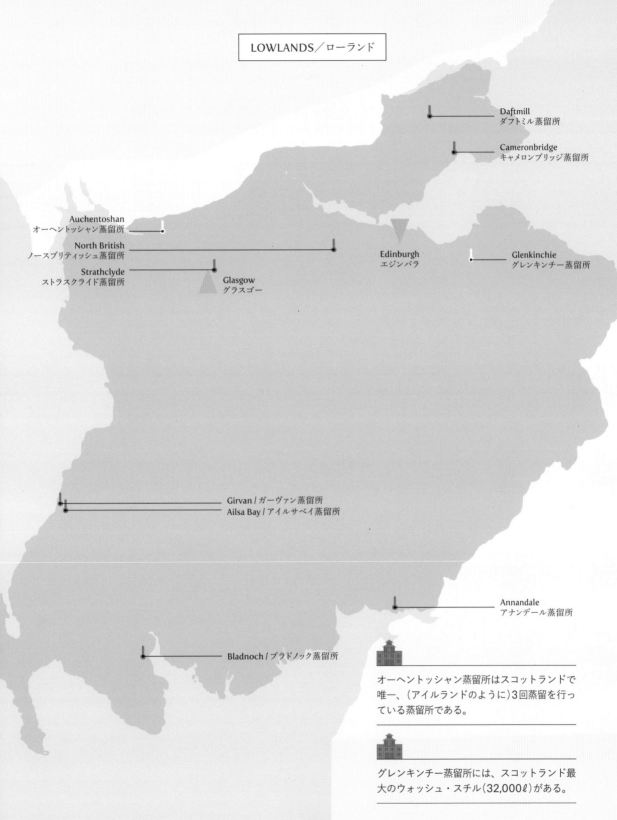

LOWLANDS／ローランド

Daftmill
ダフトミル蒸留所

Cameronbridge
キャメロンブリッジ蒸留所

Auchentoshan
オーヘントッシャン蒸留所

North British
ノースブリティッシュ蒸留所

Strathclyde
ストラスクライド蒸留所

Glasgow
グラスゴー

Edinburgh
エジンバラ

Glenkinchie
グレンキンチー蒸留所

Girvan / ガーヴァン蒸留所
Ailsa Bay / アイルサベイ蒸留所

Annandale
アナンデール蒸留所

Bladnoch / ブラドノック蒸留所

オーヘントッシャン蒸留所はスコットランドで
唯一、（アイルランドのように）3回蒸留を行っ
ている蒸留所である。

グレンキンチー蒸留所には、スコットランド最
大のウォッシュ・スチル（32,000ℓ）がある。

HIGHLANDS／ハイランド

ハイランド（高地）はスコットランド領土の大部分を占め、この国から連想する風景の全て−湖、古城、雄大な原野−がここにある。

歴史

ハイランドはスコットランドのなかで、常にマージナルな存在だった。16世紀には、反乱者の巣窟と見なされ、制圧されることが多かった。宗教改革の時も、住民たちがカトリック教を守ろうと反発したため、改革に最も時間がかかった地方でもある。国内、国際紛争の際には、この地方から、最も多くの男手が動員された。

フレーバー

規模が大きいため、この地方の代表的なスタイルというものを特定するのは難しい。4つ（北、南、東、西）さらには5つ（中央を加える）の地区に分類する人もいれば、北部、中央部、東部に分けるのを好む人もいる。ひとつだけ確かなことは、南部のシングルモルトはフルーティーで軽やか、西部のものはフルーティーかつスパイシーという特徴がある。

地理

ハイランド・ラインの北側に広がる、スペイサイド以外の全土がハイランドである。
起伏の激しい地方で、標高1,000m以上の山も多い。スコットランドの最高峰であるベン・ネヴィス山（1,344m）がある。

 知っていた？

映画「ハリーポッター」の有名なホグワーツ魔法魔術学校は、このハイランド地方にある。

グレンモーレンジィ蒸留所は「樽のパイオニア」と呼ばれるほど、樽熟成の研究に熱心に取り組んでいる造り手である。原木の産地、選定から製樽まで、徹底的にこだわって造り上げたオリジナルの「デザイナーズカスク」で、特別な原酒を熟成させている。

Old Pulteney
オールドプルトニー蒸留所

Clynelish
クライヌリッシュ蒸留所

Glenmorangie
グレンモーレンジィ蒸留所

Balblair／バルブレア蒸留所
Dalmore／ダルモア蒸留所
Teaninich／ティーニニック蒸留所
Invergordon／インバーゴードン蒸留所
Glen Ord／グレンオード蒸留所
Royal Brackla／ロイヤル・ブラックラ蒸留所
Tomatin／トマーティン蒸留所

Macduff
マクダフ蒸留所
Glenglassaugh
グレングラッサ蒸留所
anCnoc／Knockdhu
ノックドゥー蒸留所
（銘柄：アンノック）

GlenDronach
グレンドロナック
蒸留所

Glen Garioch
グレンギリー
蒸留所

Ardmore
アードモア蒸留所

Royal Lochnagar
ロワイヤルロッホナガー蒸留所

Dalwhinnie／ダルウィニー蒸留所
Ben Nevis／ベン・ネヴィス蒸留所
Edradour／エドラダワー蒸留所

Fettercairn
フェッターケアン蒸留所
Glencadam
グレンカダム蒸留所

Aberfeldy／アバフェルディ蒸留所
Blair Athol／ブレアアソール蒸留所
Glenturret／グレンタレット蒸留所

Oban／オーバン蒸留所

Strathearn
ストラスアーン蒸留所
Tullibardine
タリバーディン蒸留所
Deanston
ディーンストン蒸留所
Loch Lomond
ロッホローモンド蒸留所
Glengoyne
グレンゴイン蒸留所

オーバン蒸留所は小規模だが手腕がある！ スピリット・スチルは450ℓ、樽貯蔵の原酒は50ℓと少ないが、創造力と才能に溢れている。ここでは、自分のために仕込まれた樽を手に入れることができる。2015年に「Scotland Craft Spirit of the Year」に選ばれたジンも生産している。

ディーンストン蒸留所は、かつて紡績工場だった時代に、ティース川の水力で動くヨーロッパ最大の水車があったことで知られている。現在は水力タービンで電力を自給自足しており、その発電量は蒸留所の運営には十分すぎるほどの量で、余剰分を電力会社に買い取ってもらっている。

CAMPBELTOWN／キャンベルタウン

世界のウイスキーの首都！　少なくとも、数十年前はそう言われていた……。

歴史

始まりはこの上なく好調だった。19世紀末には20軒もの蒸留所があり、数千もの樽が蒸気船でグラスゴー、ロンドン、北米へと運ばれ、幸運な日々が続いた。しかし、20世紀初め、オイリー／スモーキーという癖のあるスタイルが、消費者やブレンダーから敬遠されるようになった。そこへ世界大恐慌、炭鉱閉鎖が重なり、小規模な蒸留所の大部分が破産した。

フレーバー

スモーキーでオイリーという独特な風味が、他の地方の同業者の嫉妬を買い、「腐った魚」という仇名まで付けられ、「キャンベルタウンのウイスキーはニシンを漬けていた樽に詰められている」という辛辣な作り話まで横行したほどだった。もちろん、全てデタラメだが、アメリカの禁酒法が廃止されて、粗悪なウイスキーが疎まれていた時に、こうした噂話がキャンベルタウンのウイスキー産業に致命的な打撃を与えてしまった。

地理

ローランド地方の最西端に位置する町で、地方ではない。陸の孤島とも呼ばれる孤立した場所にあり、地元では「最寄りの町はアイルランドの町」……と言う習慣がある。かつての繁栄により、ウイスキー界で別格視されている。ここには好条件が揃っている。水深の深い港があるため、穀物の輸入、ウイスキーの輸出が容易である。石炭の鉱脈も豊富で、モルト（麦芽）製造工場も多い。
現在、3軒の蒸留所が製造を続けており、スコットランドのウイスキー産地のなかで最も小さい産地である。

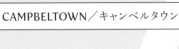

CAMPBELTOWN／キャンベルタウン

 蒸留所は3軒、銘柄は5種

キャンベルタウンでは5種の銘柄のウイスキーが製造されている。スプリングバンク蒸留所は同名のウイスキーだけでなく、ヘーゼルバーン、ロングロウという銘柄も出している。他はグレンスコシア蒸留所とグレンガイル蒸留所である。

スプリングバンク蒸留所は、1825年の買収から現在に至るまで、ミッチェル家という一族が経営を続けている蒸留所で、スコットランドの同族経営の蒸留所のなかで最も古い歴史を持つ。現在、その5代目が運営している。スコットランドで、製麦から瓶詰めまで全工程を同じ場所で行っている数少ない蒸留所の一つでもある。

Glen Scotia
グレンスコシア蒸留所

Glengyle
グレンガイル蒸留所

Springbank
スプリングバンク蒸留所

IRELAND ／ アイルランド

スコットランドに匹敵するほどの伝統のある国だが、残念なことに、この2世紀で蒸留所の数が激減してしまった。

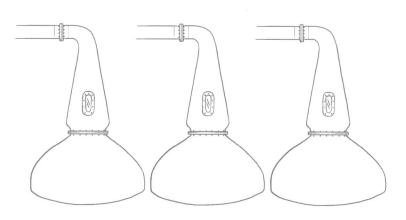

歴史

始まりは全て順調だった。18世紀末には2,000以上の蒸留所が存在し、アイリッシュ・ウイスキー産業の隊長、ジョン・ジェムソンなどが蒸留所の組織改編を行い、発展していった。主要都市のほとんどに蒸留所があり、この国独自のピュア・ポットスチルの技術により、良質で繊細なウイスキーが造られ、ダブリン港から世界中に輸出されていた。

しかし残念なことに、アイルランド独立戦争、アメリカの密造業者に加担することへの反抗心、輸出制限などの要因により、ウイスキー産業は衰退した。1930年に残っていた蒸留所の数はわずか6軒だった。1960年には3軒となってしまったが、ライバル同士がスクラムを組んで、アイリッシュ・ディスティラーズ・リミテッドを結成した。

フレーバー

ピート感のない軽やかでフルーティーな香味。

密造酒からIGP（保護地理的表示）の酒へと昇格

アイリッシュ・ウイスキーとアルコール度数が極度に高い（60〜95%）伝統酒、ポチーンを混同しないように。このお酒は大麦麦芽（あるいはジャガイモ）から造られるもので、長い間違法とされていた。現在では合法と認められ、欧州連合のIGP（保護地理的表示）にまで分類されるようになった。

 | ピュア・ポットスチル

アイルランドが生み出した素晴らしい技術で、麦芽にした大麦としていない大麦を両方使い、ポットスチルで3回蒸留する製法だ（もともとは酒税を減らすために考えられた）。

Bushmills
ブッシュミルズ蒸留所

Belfast Distillery
company
ベルファスト・
ディスティラリー・
カンパニー

Cooley
クーリー蒸留所

Dundalk
ダンドーク蒸留所

Boann
ボアン蒸留所

Kilbeggan
キルベガン蒸留所

Tullamore
タラモア蒸留所

Barrow
バロー・ヴァレー

Dingle Kerry
ディングル蒸留所
（ケリー州）

Midleton
ミドルトン蒸留所

West Cork Distillers
ウエストコーク蒸留所

蒸留所の数が少ないからと言って、アイリッシュ・ウイスキーが廃れているという訳ではない！　全くの反対だ。ミドルトンの近代的な蒸留所は毎年6,000万ℓのウイスキーを製造しており、その有名な広告塔がブレンデッド・ウイスキーのジェムソンだ！
アイリッシュ・ウイスキーの歴史を知るためには、オールド・ジェムソン・ディスティラリーの見学が欠かせない。ジェムソン旧蒸留所内にある立派な博物館で、製造工程をたどるツアーを体験できる。アイリッシュ・ウイスキーの試飲付き。

THE UNITED KINGDUM ／ 英国の他の産地

ウェールズとイングランドに触れずに、英国を離れる訳にはいかない。

WALES / ウェールズ

歴史

比較的新しい蒸留所が1つある。ペンダーリン蒸留所は10年ほど前に創業し、ウイスキーの販売は2004年に始まった。生産量はごくわずかで、1年分が大手メーカーの1日分よりも少ないほどである。珍しい点は個々のボトルに瓶詰めの日付を表示していることだ。その日付によってウイスキーの個性が少し異なることを発見できるかもしれない。

ファラデー博士が開発した蒸留器

ペンダーリン蒸留所は、単式と連続式を組み合わせた、世界でここにしかない斬新な蒸留器を使用している。石油化学産業から着想を得た、様々な品質のアルコールを製造できる特殊な構造だ。

 紛い品の歴史

ウェールズでは、すでに19世紀にウイスキー、というか、それらしきものを製造していた。当時の蒸留所の主人は、蒸留器を注文してはみたが、スコットランドからスピリッツを調達するほうを好み、様々な香辛料で味付けして、ウェールズ・ウイスキーとして売っていた。それがバレてしまい、閉鎖を余儀なくされた。

ENGLAND / イングランド

歴史

ジンの王国でウイスキー産業に身を投じることは容易ではない。だが、気骨のある蒸留所がいくつか存在する。その一つは、ロンドンの中心部にあるザ・ロンドン・ディスティラリー・カンパニーだ。新しいムーブメント？そうとは限らない。イングランドには19世紀末に蒸留所が4軒あったのだから！ つまり、イングリッシュ・ウイスキーの復活と言えるだろう。

女王の愛犬

女王の侍従の一人がある時、王室で寵愛されていたコーギー犬に、水の代わりにウイスキーを飲ませるという妙な考えを持ってしまった。その犬は重い病気にかかってしまい、侍従は降格、減給という処分を受けるはめとなった。

THE UNITED KINGDOM／英国の他の産地

St George's / セント・ジョージズ蒸留所

Adnams / アドナムス蒸留所

Penderyn / ペンダーリン蒸留所

Cotswolds / コッツウォルズ蒸留所

The London Distillery Company,
East London Liquor Company
ザ・ロンドン・ディスティラリー・カンパニー／
イースト・ロンドン・リカー・カンパニー

London
ロンドン

Hicks & Healey / ヒックス&ヒーリー

アジア：ウイスキーの新たな開拓地

アジア産のウイスキーと聞くと、すぐに日本が頭に浮かび、ジャパニーズ・ウイスキーの素晴らしさについて熱心に語るファンは多い。しかしアジアには日本ほど有名でないとしても、興味深い生産地域が他にも存在する。その一部をここで紹介しよう。

アジアのウイスキー生産地域

アジアはウイスキーの消費量が年々増えている地域である。このウイスキー人気に伴い、アジアン・ウイスキーの生産量も数年前から伸びている。ジャパニーズ・ウイスキーはここ10年で確かな名声を築いたが、他の国や地域でもウイスキー業界に参戦する企業が続々と出てきている。

台湾

台湾製ウイスキーの話をすると、多くの愛好家はカバラン（Kavalan）という名をまず思い浮かべることだろう。誕生して間もない、新規メーカーではあるが、すでに数々の賞を受賞し、確かな名声を得ている。台湾の亜熱帯性気候、つまり大陸性気候よりも早く熟成させることのできる環境をうまく利用して、瞬く間に成功を遂げた。同社の「ソリスト・ヴィーニョバリック」（Solist Vinho Barrique）は2015年にワールド・ベスト・シングルモルト・ウイスキーに輝いた。自社初のウイスキーボトルを世に出したのが2006年であるから、驚くべき快挙である。カバランほどには知られていないが、南投蒸留所の「オマー」（Omar）も上質なシングルモルト・ウイスキーである。

中国

もし次に買うウイスキーが中国産だったら？　中国と言えば、国民的な蒸留酒、「白酒（バイジュー）」が特に有名で、その販売量は膨大である（2018年には9ℓ入りのケースが12億個も販売されている）。白酒は麦やもち米などから造られるスピリッツである。その一方でウイスキーの需要も増え続けている。例えばスコッチ・ウイスキーは1秒に40本以上のペースで中国に出荷されている。大手メーカーはこの好況に着目し、中国でのウイスキー生産も視野に入れるようになった。フランスのペルノー・リカール社（Pernod Ricard）は、内陸部にある四川省、峨眉山市にウイスキー蒸留所を建立するために約160億円を投資した。まだ名前も公開されていない、中国初のウイスキーを味わうにはしばらく待たなければならない。

インド

この国で造られる「ウイスキー」と表示される蒸留酒の大部分は、EU規則によればウイスキーではない……。実際には、サトウキビから砂糖を生成する際に出る廃糖蜜（モラセス）を発酵、蒸留したもの（インド産が85％）に、香料を添加したスピリッツである。インドには法で定められる「ウイスキー」の定義がなく、多くの生産者がコストのあまりかからないこの蒸留酒をウイスキーとして販売している。

しかし、大麦や他の穀類を100％使用した「真」のウイスキーを製造するメーカーも存在する。2004年にインド初のシングルモルトを発売したアルムット蒸留所（Amrut Distilleries）は、インディアン・ウイスキーのパイオニアと言える。1948年の創業当時は製薬会社であったが、すぐにウイスキーなどの蒸留酒製造へと事業を拡大した。その後を追うのがジョン蒸留所（John Distilleries）で、2012年に自社初のシングルモルト、「ポール・ジョン」（Paul John）を発売し、世界的な名声を得た。

日本

（詳細はP.180参照）

ジャパニーズ・ウイスキーの新基準

ジャパニーズ・ウイスキーの人気はここ十年で飛躍的に伸び、今もとどまるところを知らない。しかし、日本の銘柄のウイスキーでも日本で製造されていないものがあることをご存知だろうか？　意外かもしれないが、日本ではウイスキーに対する規制がそれほど厳しくなかった。

4年間の議論の末、日本洋酒酒造組合は2021年4月1日から、日本国内で糖化、発酵、蒸留、熟成（3年以上）、瓶詰め（40度以上）を行ったウイスキーに限り、「ジャパニーズ・ウイスキー」と表示できるという自主基準を導入した。

著者おすすめのアジアン・ウイスキー6選

ハイボールを飲みたい時：
SUNTORY WHISKY TOKI／
サントリーウイスキー 季（日本製）

招待客を感嘆させたい時：
AMRUT FUSION／
アムルット・フュージョン（インド製）

映画「ロスト・イン・トランスレーション」
のビル・マーレイを気取ってみたい時：
SUNTORY WHISKY HIBIKI 17 years old／
サントリーウイスキー 響17年（日本製）

おいしい台湾ウイスキーを紹介したい時：
KAVALAN EX-SHERRY OAK／
カバラン・エックス＝シェリーオーク（台湾製）

ベストセラーを味わいたい時：
NIKKA COFFEY GRAIN／
ニッカ カフェグレーン（日本製）

銀行家を悔しがらせたい時：
CHICHIBU 2011 MADEIRA HOGSHEAD
TAY BAK CHIANG #2／
秩父 2011マディラホッグスヘッド
鄭木彰 #2
※LMDW（ラ・メゾン・デュ・ウイスキー限定ボトル）

JAPAN／日本

スコッチ・ウイスキーのコピーという誤った認識があったが、ジャパニーズ・ウイスキーはそこから着想を得て、独自の個性を創り上げた。

日本初の蒸留所

山崎蒸留所が現在の島本町に建てられたのは、スコットランドの気候条件を綿密に再現するためだったと言われることが多い。一部は本当だが、3本の川が合流する豊富な水量がウイスキー造りに特に適していた。また水質も素晴らしく、日本の茶道の創始者、千利休がこの地の水を好んで使ったと言われている。

フレーバー

スコッチ・ウイスキーに比べて、穀類様があまり感じられない。2人の創始者はウイスキー製造の各工程を、より科学的に解明しようとした。これはその当時では、スコットランドでも例を見ない新しいアプローチだった。

歴史

今や世界的な名声を獲得したジャパニーズ・ウイスキーの歴史はそれほど長くない。本格的なウイスキー造りは、1923年、2人の偉大な人物、鳥居信治郎氏と竹鶴政孝氏の協力により誕生した、大阪府・山崎の蒸留所で始まった。二人はその後決別し、日出ずる国にそれぞれの帝国、サントリーとニッカを築くこととなる。現在でもジャパニーズ・ウイスキーを牽引する二大メーカーであり、互いに良きライバルとして切磋琢磨している。競合する蒸留所間の連携がよくあるスコットランドとは違い、日本のメーカーはそれぞれ、完全に独立している。

 ビル・マーレイ：
ジャパニーズ・ウイスキーのアンバサダー

ソフィア・コッポラ監督の映画、「ロスト・イン・トランスレーション」の中で、ビル・マーレイは、サントリーのブレンデッド・ウイスキー、「響」のCM撮影のために東京へやって来る、老いた俳優の役を演じていた。この映画の成功で、欧米を中心にジャパニーズ・ウイスキーを渇望する現象が起き、販売量が急上昇した。

JAPAN／日本

余市蒸溜所

国際宇宙ステーションに送り込まれたジャ
パニーズ・ウイスキーが存在する。だが、
触れてはならない！　宇宙飛行士たちは一
滴も飲むことを許されていないのだ。
2015年夏にサントリーが着手したこの実
験は、重力がウイスキーの香味に影響する
かを研究するためのものである。

宮城峡蒸溜所

秩父蒸溜所

富士御殿場蒸溜所

山崎蒸溜所

江井ヶ嶋蒸溜所

THE UNITED STATES OF AMERICA／ アメリカ合衆国

大西洋の向こう側に渡り、多様性と革新性に富む大国を見てみよう！

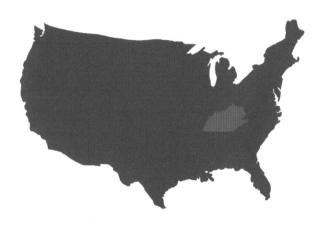

歴史

アメリカン・ウイスキーの始まりは、植民地の発展に密接に関係している。当時、ヨーロッパ人の移住を勧誘するために、移住者にはトウモロコシの畑が付与されていた。しかし、トウモロコシの実の売買価格があまりに低かったため、移住者たちはもっと高値で売るために、これを原料として蒸留酒を造ることを選択した。

19世紀半ばになると産業革命により、鉄道で輸送しやすくなったウイスキーの商売は飛躍的に伸びた。だが、順風満帆だった産業は、禁酒運動、禁酒法の制定により打撃を受け、ウイスキーを違法に製造、販売する「ムーンシャイナー」と呼ばれる密造業者が暗躍することになった。

ケンタッキー州 vs テネシー州

ケンタッキー州はバーボン・ウイスキーの生まれ故郷。今では米全土で造られているが、すべてはここから始まった。

テネシー・ウイスキーは、独特の製造法で他とは一線を画している。「リンカーンカウンティ・プロセス」というウイスキーを木炭で濾過する技法だ。まず、薪を燃やして木炭にする。約3mの木炭層を用いて、蒸留したてのウイスキーをゆっくりと濾過する。この工程で独特な風味のまろやかなウイスキーが出来上がる！

 マイクロ・ディスティラリーの繁栄

アメリカでは、バーボンのマイクロ・ディスティラリー新設のニュースを聞かずに1週間が過ぎることはない。蒸留所の数ほどスタイルの異なるウイスキーがあると言われていて、バーボンファンには堪らない現象だ。

 ジャックダニエル（Jack Daniel's）： 見学はできるが試飲は不可

テネシー州のリンチバーグにある蒸留所を見学してみたいという方は少なくないだろうが、試飲もできると期待しないように。町のバーでも味わうことは叶わない。アメリカには今でも禁酒条例が施行されている郡、つまり「ドライ・カウンティ」がいくつか存在する。

THE UNITED STATES OF AMERICA／アメリカ合衆国

蒸留所の分布図

ケンタッキー州とテネシー州の蒸留所

KENTUCKY／ケンタッキー州

Woodford Reserve / ウッドフォードリザーブ蒸留所
Buffalo Trace / バッファロートレース蒸留所
Early Times / アーリータイムズ蒸留所
Heaven Hill / ヘヴンヒル蒸留所
Jim Beam, Clermont / ジムビーム クレアモント蒸留所
Jim Beam, Boston / ジムビーム ボストン蒸留所
Tom Moore / トムムーア蒸留所
Maker's Mark / メーカーズマーク蒸留所
Four Roses / フォアローゼズ蒸留所
Wild Turkey / ワイルドターキー蒸留所

Clarksville / クラークスビル
Nashville / ナッシュビル

George Dickel / ジョージディッケル蒸留所
Jack Daniel's / ジャックダニエル蒸留所

TENNESSEE／テネシー州

CANADA／カナダ

スコットランドに次ぐ世界第二位の生産大国であるものの、あまり目立たない存在だ。

歴史

カナディアン・ウイスキーの歴史には、アメリカン・ウイスキーが密接に関わっている。その生産量はアメリカ禁酒法の影響で急激に伸びた。アメリカの蒸留所からウイスキーを調達できなくなった密造業者が、カナディアン・ウイスキーの樽を求めて国境を渡ったのである。最も有名な蒸留所として、デトロイト川を挟み、デトロイト市の真向かいに位置するハイラム・ウォーカーがある。アル・カポネが足繁く通った蒸留所でもある。

カナディアンと言えばライ・ウイスキー……？

ウイスキーの世界はなかなかシンプルにはいかない……。カナディアン・ウイスキーは「ライ・ウイスキー」とも呼ばれている。そう、ライ麦をベースとしているライ・ウイスキーと同様に……。何とも紛らわしい話である。歴史的に、カナディアン・ウイスキーにライ麦が主原料として使用されていたことは確かである。東部の耕作地がその栽培に適していたためだ。現在でも使用されてはいるが、西部に他の穀類を生産できる良地が開拓されてから、ライ麦よりも他の穀類が多く使われるようになっている。それでも、カナディアン・ウイスキーをライ・ウイスキーと呼ぶ習慣は今も廃れていない！

フレーバー

シナモン、トーストしたパン、カラメルのニュアンスを帯びたものが多い。

 飲みやすいウイスキー

価格がリーズナブルだからといって、クォリティーが低いという先入観を持ってはいけない。カナディアン・ウイスキーは間違いなく、コストパフォーマンスが抜群によいウイスキーに数えられる。ただ、問題なのはフランスでは輸入量がごく少なく、なかなか手に入らないということだ……。

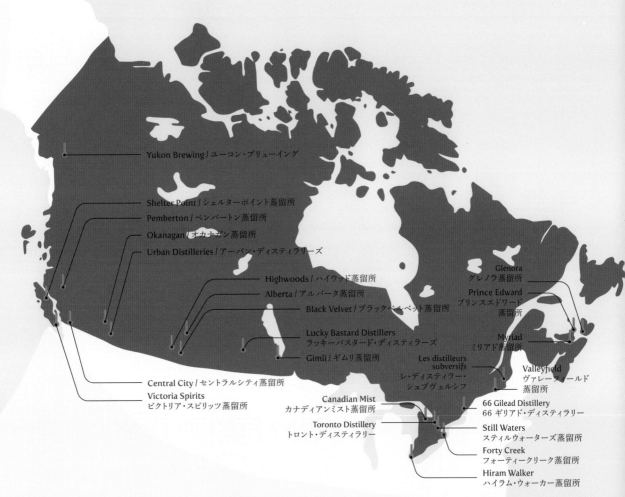

Yukon Brewing／ユーコン・ブリューイング

Shelter Point／シェルターポイント蒸留所

Pemberton／ペンバートン蒸留所

Okanagan／オカナガン蒸留所

Urban Distilleries／アーバン・ディスティラリーズ

Highwoods／ハイウッド蒸留所

Alberta／アルバータ蒸留所

Black Velvet／ブラックベルベット蒸留所

Lucky Bastard Distillers
ラッキーバスタード・ディスティラーズ

Gimli／ギムリ蒸留所

Glenora
グレノラ蒸留所

Prince Edward
プリンスエドワード
蒸留所

Myriad
ミリアド蒸留所

Les distilleurs
subversifs
レ・ディスティラー・
シュブヴェルシフ

Valleyfield
ヴァレーフィールド
蒸留所

Central City／セントラルシティ蒸留所

Victoria Spirits
ビクトリア・スピリッツ蒸留所

Canadian Mist
カナディアンミスト蒸留所

Toronto Distillery
トロント・ディスティラリー

66 Gilead Distillery
66 ギリアド・ディスティラリー

Still Waters
スティルウォーターズ蒸留所

Forty Creek
フォーティークリーク蒸留所

Hiram Walker
ハイラム・ウォーカー蒸留所

カナダ人はエッグノッグ（仏語では
レ・ド・プール）という甘いたまご
酒に目がない。伝統的なレシピでは
ブランディーやラムを使うが、もち
ろんカナディアン・ウイスキーを代
用してもよい！

FRANCE／フランス

フランス国内だけでなく、海外からも注目されているフランス製ウイスキーも、着実に人気を伸ばしている。フランスは世界でも指折りのウイスキー消費国である一方で、大麦麦芽の大生産国でもある。我が国にはフレンチ・ウイスキーを成功に導くファクターが揃っているのだ。

フレンチ・ウイスキー vsアルザス・ウイスキー、ブルターニュ・ウイスキー

フレンチ・ウイスキーが注目され始めたのはここ数年のことであるが、ウイスキー自体は数十年前から製造されていた。先陣を切ったのはブルターニュ人で、ワレンゲム蒸留所（Distillerie Warenghem）が1987年にフランス産ウイスキー第1号を発売した。その数年後、オー・ド・ヴィー（蒸留酒）製造の長い伝統を誇るアルザス地方でも、ウイスキーが造られるようになった。リヴォーヴィレ市にあるジルベール・オール蒸留所（Distillerie Gilbert Holl）が2004年に初のアルザス産ウイスキーを発売した（数はごく少ないがシュークルート（乳酸発酵キャベツ）で造ったオー・ド・ヴィーでも話題に。現在は閉業している）。2015年1月、ブルターニュ地方とアルザス地方のウイスキーはIGP（地理的表示保護）を取得し、それぞれの土地固有の生産条件を満たす場合、「ウイスキー・ブルトン」（Whisky Breton）、「ウイスキー・アルザシアン」（Whisky alsacien）と表示できるようになった。それぞれ方針が異なり、「ウイスキー・ブルトン」は技術革新に意欲的だが、「ウイスキー・アルザシアン」は昔から変わらない、クラフトウイスキーのスタイルを守り続けている。

フランス：ウイスキー造りに適した土地

世界的に普及しているフランス産スピリッツ、例えばコニャック（年間生産量800,000hℓ）に比べると、フレンチ・ウイスキーは年間生産量が20,000hℓで、まだまだ少ないかもしれないが、ここ数年で2倍に増えたことは特筆すべきだろう。この国には高品質なメイド・イン・フランスのウイスキーができる好条件が全て揃っている。拡大し続ける大麦の栽培地、原料の調達不足の心配のない醸造所（ウイスキー1ℓを造るのにウォッシュ5ℓが必要）、各地方で活躍する多くの敏腕マスター・ディスティラー、世界的な名声を得ている樽製造業者、さらには世界有数のウイスキー消費大国……と、先行きは明るい！

ハードルは複雑な規則

「ウイスキー・ブルトン」と「ウイスキー・アルザシアン」という2つのIGPを除き、今のところ「ウイスキー・フランセ」（フレンチ・ウイスキー）というIGPもなければ、それに伴う生産規定もない。ただし、数年前から認定を得ようとする動きはあり、その結果、欧州規則とフランスの政令により、2017年1月から「シングルモルト・フランセ」（Single Malt français）という定義が、控えめながらも適用されるようになった。

 土壌からグラスまで（全工程を自社で）

トレーサビリティーを求める消費者の声に応えるために、ロレーヌ地方にあるロゼリュール蒸留所（Distillerie Rozelieures）は、ウイスキー製造の全工程を自社で行う賭けに出た。それは大麦の栽培、製麦も含めてである。熟成庫は複数あり、なかには羊小屋や古い要塞など、珍しい場所で熟成が行われている。

 ドルーム（Dreum）：毎年1つの樽しか仕込まない蒸留所

ごく限られた、希少なウイスキーが存在する。ドルーム蒸留所のウイスキーもそのうちの1つである。創業者であるジェローム・ドルーモン（Jérôme Dreumont）は容量300ℓのオリジナルスチルを自ら設計し、原酒を仕込むのは1年に1樽のみと決めている。そのため、ボトルの出荷本数は100本とごくわずかである。

FRANCE／フランス

Claeyssens／クレイッセン蒸留所
Dreum／ドルーム蒸留所
Northmaen
ノースマン蒸留所
Noyon
ノワイヨン蒸留所
Leisen
レイゼン蒸留所
Distillerie du
Castor
ディスティルリー・
デュ・カストール
Bertrand
ベルトラン蒸留所
Meyer
メイエ蒸留所
Lehmann
レーマン蒸留所
Gilbert Holl
ジルベール・オール
蒸留所
Andre Mersiol
アンドル・メルシオル
蒸留所

Glann Ar Mor
グラン・アー・モー
蒸留所
Paris
パリ
Hepp／エップ蒸留所
Distillerie de Paris
ディスティルリー・ド・パリ
Pays d'Othe
ペイ・ドット蒸留所
Rozelieures
ロゼリュール蒸留所
Miclo
ミクロ蒸留所
Theo Preiss
テオ・プレイス蒸留所

Warenghem
ワレンゲム蒸留所
Distillerie des Menhirs
ディスティルリー・デ・メンヒル
Sainte-Colombe／サント・コロンブ蒸留所
Kaerilis／カエリリス蒸留所
Brasserie d'Anjou
ブラッスリー・ダンジュー

Ouche Nanon
ウッシュ・ナノン蒸留所
Monsieur Balthazar
ムッシュー・バルタザー
蒸留所

Rouget de Lisle
ルージェ・ド・リール蒸留所
Brûlerie du Revermont
ブリュルリー・デュ・ルヴェルモン

Ninkasi Fabriques
ニンカシ・ファブリック

Brasserie de Bercloux
ブラッスリー・ド・ベルクルー
Brunet／ブリュネ蒸留所

Michard
ミシャール蒸留所

Brasserie du Dauphiné
ブラッスリー・デュ・ドーフィネ
Domaine des Hautes Glaces
ドメーヌ・デ・オート・グラース
Distillerie du Vercors
ディスティルリー・デュ・ヴェルコール

Moon Harbour
ムーン・ハーバー蒸留所

Distillerie de Laguiole
ディスティルリー・ド・ラギオール

Domaine de Bourjac／ドメーヌ・ド・ブルジャック

Castan／カスタン蒸留所

Mavela／マヴラ蒸留所

その他の産地

ウイスキーの世界でほぼ無名の国だからといって、伝統国ほど重要ではないと思い込まないように。興味深い情報がいろいろある！

アイスランドの独特なスモーク

アイスランドでは泥炭（ピート）は採れない。そのため、干し肉を作るための伝統的な燻煙材を用いることにした。それは羊の糞だ！ 比類なきほど清澄な水、農薬をほとんど、あるいは全く使用していない穀物で造られたウイスキーは、驚くべき一杯となるに違いない！

タスマニア島

緯度に関係なく、赤道の向こう側でもウイスキーを造ることができる。例えば、オーストラリアのタスマニア島にも蒸留所が存在する。ヘリヤーズロード蒸留所（Hellyers Road Distillery）はこの地で、傑出したウイスキーを生産している。

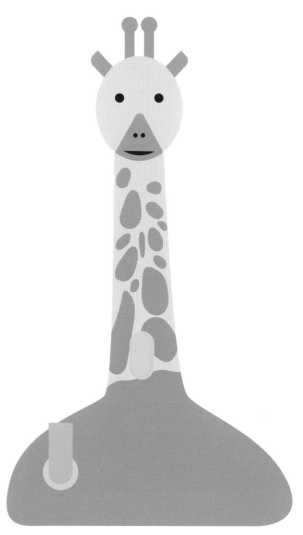

アフリカ産のウイスキー？

アフリカでもウイスキーは生産されている。南アフリカ共和国には2つの蒸留所、ジェームズ・セジウィック（James Sedgwick）、ドレイマンズ（Drayman's）がある。

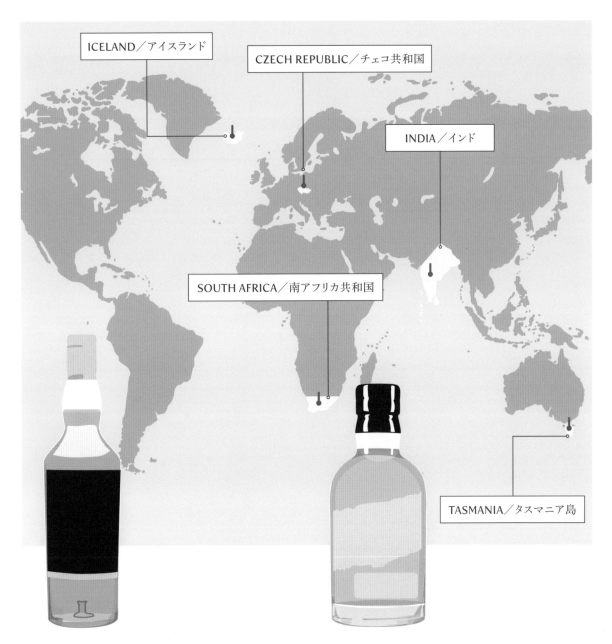

ICELAND／アイスランド

CZECH REPUBLIC／チェコ共和国

INDIA／インド

SOUTH AFRICA／南アフリカ共和国

TASMANIA／タスマニア島

インディアン・ウイスキーには要注意

インドは世界有数のウイスキー消費国である。ただし、ウイスキーという名が付いているが、実際にはラム酒に近い、サトウキビを原料とするスピリッツである。欧州連合ではこのお酒には「ウイスキー」という呼称が認められておらず、その名で市場に流通することはないので安心できる。一方で、本物のウイスキーを製造している蒸留所もない訳ではない。例えば、アムルット（Amrut）蒸留所のものは注目に値する。

忘れられたチェコ産ウイスキーの歴史

冷戦時、チェコスロバキアはソビエト連邦の圧力を受けた。資本主義にできて共産主義にできないことがあってはならない。かくして、プラードロ村（現在はチェコ共和国の村）のビール醸造所で、シングルモルトの製造が始まったのだった。1989年のベルリンの壁崩壊後、醸造所は買収され、そのウイスキーの樽の存在など、誰もが忘れていた。そう、2010年に、ハンマーヘッド（Hammer Head）という名のウイスキー（1989年蒸留）が世に出てくるまでは！

N⁻7
付録

博 識なウイスキー愛好家のように振る舞うための、あるいは本書をよりよ
く活用するための豆知識的な情報を少しまとめてみた。専門用語、統計
的な数字、偉大な人物などの情報を補足するほか、必要な情報を探すための索
引もあるのでご参考までに。

ウイスキー用語集

ウイスキーの愛好家であれば、ある程度の専門用語を知っておくべきだ。

% ABV, % vol., %：

アルコール度数。15℃のもとで、アルコール飲料が含むエタノールの容量を百分率（%）で表す。アルコール度数40%のウイスキーは、100mℓ中に40mℓのアルコール分が含まれていることを指す。

ポットスチル（蒸留器）：

蒸留に使用される縦に長い銅製の釜。英語では「スチル」だが、ラテン語で「液体が滴る」という意味の「stillare」から来ている。様々な型があり、型によって特徴の異なる蒸留液が得られる。

ローワイン：

初留後に得られるアルコール度数21%ほどの蒸留液のこと。ローワインは再留され、アルコール度数が65〜70%になるまで濃縮される。

カストストレングス（ナチュラル）：

樽から出した原酒（アルコール度数50〜60%）を加水しないで瓶詰めしたウイスキーのことを指す。

ドラム：

スコッチ・ウイスキーをサーブする時の伝統的な計量単位。1ドラムは40〜50mℓに相当する。

フィニッシュ（後熟）：

熟成の最終段階で、原酒を元の樽から別の樽（多くの場合シェリー樽）に移し替えて数か月さらに熟成させて、より複雑で多様な香味を得るテクニック。

ダボ栓を飛ばす：

目にも耳にも小気味よい作業。ダボ栓（樽の栓）の両側を木槌で叩いて樽を開ける。

ドラフ：
発酵で糖がアルコールに変わった後に残る穀類の搾りかす。家畜の飼料として再利用される。

キルン：
モルティング工程で、大麦麦芽を乾燥させるための塔。パゴダ風の屋根が付いている。

ウォート（麦汁）：
大麦由来の糖が湯に溶けた状態の甘い液体。

酵母：
発酵を促す生きた微生物。ウォート中の糖を栄養素として、アルコールと二酸化炭素を生成する。

マッシュタン：
マッシング（糖化）用の大きな槽。木製またはステンレス製。

グリスト：
ウイスキー製造のために大麦麦芽を細かく粉砕したもの。

ペルラージュ：
泡を立たせるためにボトルを振る技法。泡が持続すればするほど、ボトル中のアルコール度数が高いことを示す。

熟成：
原酒をオーク樽で長い年月をかけて熟成させ、樽の成分を溶出させる。

天使の分け前（エンジェルズ・シェア）：
毎年、樽から蒸発するアルコールの一部。空へと立ち上るアルコールで、天使も幸せな気分になれるに違いない。

ウイスキー用語集

ウシュク ベーハー:
ゲール語で「生命の水」(ラテン語で「アクア・ヴィテ」)を意味する。

ppm:
百万分の1。百万分率。ウイスキー中のフェノール値を示す単位。

スランチェバー (ゲール語):
ウイスキーグラスで乾杯する時の伝統的な掛け声。

ピート (泥炭):
大麦麦芽を乾燥させる時、スモーキーな香り付けに使用される、地中から採取される燃料。

シングルカスク:
1つの樽の原酒から成るシングルモルト・ウイスキー。

ウォッシュ・バック:
発酵が行われる大きな桶、槽。

スピリット・セーフ:
蒸留液をカットするために、スチルマンが操作する銅製の装置。

クエイヒ
スコットランドでウイスキーの試飲に使用されるケルト伝統の器。

ウイスキーにまつわる数字

数字と聞くと小難しいと思われるかもしれないが、中には興味深いデータもある。

ウイスキーはフランスで最も飲まれているスピリッツである。蒸留酒の全消費量の38.7%を占める。

フランスは年間70万本ほどのウイスキーを生産している。

スコッチはフランスのウイスキー販売量の90%に相当する。

この本の著者の場合、ウイスキーで初めて泥酔した苦い記憶を忘れ、再び飲めるようになるまで10年かかった。

フランスでは毎年、6億リットルの蒸留酒が生産されており、4.2億リットルが輸出されている。

地球上には5,000種類以上のシングルモルトが存在する。

日本では、サントリーがウイスキー国内総売上の55%を占めている。

5月3日は世界的なウイスキーの日。

ギネスブックの認定を受けた世界最大のウイスキー・テイスティング会では、2,250人が参加した。このイベントは2009年1月31日、ベルギーのゲントで「ウイスキー・アンリミテッド」によって開催された。シングルトン12年、クラガンモア12年、ブッシュミルズ・オリジナル、ダルウィニー15年、タリスカー10年、ジョニーウォーカー黒ラベル12年がテイスティングされた。

映画や小説に登場するウイスキー

映画とドラマ

ウイスキーがある物語のなかで重要な役を演じることもあれば、ウイスキーがある物語をイメージして造られることもある。ウイスキーは映画でもドラマでも、名脇役として頻繁に登場するお酒である!

「天使の分け前」

2012年に公開された、ケン・ローチ監督の映画。同年のカンヌ映画祭で審査員賞に輝いた名作である。特定の銘柄のウイスキーが登場するわけではなく、喧嘩沙汰の絶えない荒れた毎日を送るスコットランドの青年が、裁判所から命じられた社会奉仕活動を通じて、ウイスキーの利き酒の才能に目覚め、人生の一発逆転を目指すという物語である。

「ロスト・イン・トランスレーション」

ウイスキーを中心に物語が展開するカルト的映画。2003年のソフィア・コッポラ監督作品で、ビル・マーレイ演じる倦怠期のハリウッド俳優、ボブ・ハリスが、サントリーウイスキーのテレビCMに出演するために東京で過ごす様子が描かれている。この映画の成功で、欧米でジャパニーズ・ウイスキーの人気が急上昇した。その後、需要はとどまるところを知らず、価格も高騰した。その結果、需要に見合う十分な原酒を確保できなくなったサントリー社は、その代表的な銘柄である「響17年」、「白秋12年」の販売を休止せざるを得なくなった。

「ゲームズ・オブ・スローンズ」

世界的な人気を博したこのアメリカ・ドラマのなかでウイスキーボトルが登場するわけではない。その逆で、この壮大な物語をウイスキーで感じることができるのだ。英国のディアジオ社(DIAGEO)は、傘下の蒸留所から8つのシングルモルトを厳選し、「ゲームズ・オブ・スローンズ」の劇中に登場する七王国の名家とナイツ・ウォッチの称号をそれぞれに付与した限定品を発売した。

「007スカイフォール」

ジェームズ・ボンドはゴージャスな美女と車をこよなく愛するが、極上のウイスキーにも目がない。「スペクター」にも「ザ・マッカラン18年」が登場するが、特に印象に残るのは、2012年の「スカイフォール」で、敵のシルヴァがショットグラスに注いだ「ザ・マッカラン ファイン&レアコレクション 1962年」を、ボンドが飲み干すシーンであろう。この映画に選ばれたボトルは、2013年にチャリティーオークションに出品され、9,635£で落札された。

「キングスマン ゴールデン・サークル」

シークレット・エージェントはウイスキー好きである。それだけでなく蒸留所を秘密基地にすることにも長けている! 英国とアメリカのスパイ組織の活躍を描いた、2017年公開のマチュー・ヴォーン監督作品では、ケンタッキー州のバーボン・ウイスキー蒸留所がアメリカの組織、「ステイツマン」の本拠地となり、そこで「ウイスキー」というコードネームのエージェントが活躍する。この映画の制作に伴い、アメリカの有名なオールド・フォレスター蒸留所(Old Forester)とのコラボによる「ステイツマン・ウイスキー」(Statesman whisky)の製造が実現することとなった。

「ピーキー・ブラインダーズ」

英国、バーミンガムに実在したギャンググループの物語を描いた人気テレビドラマ。「Don't fuck with the Peaky Blinders.(ピーキー・ブラインダーズをなめるなよ)」という名台詞が特に有名。そして、このグループの名を冠したアイリッシュ・ウイスキーが誕生した。

小説家の名言

ひどいものは数多あるが、どんなにウイスキーがあっても十分すぎることはほぼない。

マーク・トウェイン

そのウイスキーが極上だったので、彼は飲むたびにスコットランド語を話したものだ。

マーク・トウェイン

バターとウイスキーで治せないのであれば、それは不治の病である。

アイルランドの諺

小説家とウイスキー

小説の世界でも、ウイスキーは特別な存在感を放っている。ウイスキーは多くの小説家の人生、作品に関わってきた。彼らの飲み方を真似することはおすすめできないとしても……。

生後6週目

マーク・トウェインが初めてウイスキーを飲んだ歳！

8日間

レイモンド・チャンドラーがビタミン注射とウイスキーを糧として、映画「青い戦慄」(The Blue Dahlia)の脚本を書き下ろすために要した日数。

20年

ワシントン・アーヴィングの短編小説の中で、主人公のリップ・ヴァン・ウィンクルがウイスキーを飲んだ後で眠り続けた年数。

18杯

詩人および作家であるディラン・トーマスがニューヨークのバー、「ホワイトホース・タヴァーン」を訪れる度に飲み干したと言われるウイスキーのショット数。

ウイスキー界の偉人

この本では、様々な時代、国で偉業を成し遂げ、伝説的な存在となった人物を紹介している。

Aeneas Coffey
（イーニアス・カフェ） P. 39

コーヒーを思わせる名前に惑わされないように。ウイスキー界に改革をもたらした人物だ。

Jack Daniel
（ジャック・ダニエル） P. 50

ウイスキー界では謎の多い人物だが、世界的に有名になった蒸留所の創設者である。

Charles Doig
（チャールズ・ドイグ） P. 51

キルンのないスコットランドなど想像できない。アジア様式の伝統的な麦芽乾燥塔を発明した人物である。

Towser
（タウザー） P. 62

蒸留所の穀物を守った英雄……だが、人ではなく猫である。

Carrie Nation
（キャリー・ネイション） P. 71

アメリカ合衆国のウイスキー産業を震撼させた女性。バーの店主をひれ伏させた。

William Pearson
（ウィリアム・ピアソン） P. 91

アメリカ合衆国にバーボンだけではなくテネシー・ウイスキーが存在するのは、この人物のおかげだと言われている。別名「ビリー」。

Jerry Thomas
（ジェリー・トーマス） P. 151

今日、美味しいカクテルを飲むことができるのは、ジェリー・トーマスによるところが大きい。ミクソロジーの創始者とも言われている。

John Walker
（ジョン・ウォーカー） P. 155

世界的に有名な銘柄を誕生させた立役者。

竹鶴政孝 P. 199

ジャパニーズ・ウイスキーの始祖として讃えられている。

MASATAKA TAKETSURU
竹鶴政孝
（1894-1979）

有名なスパイ、ジェームズ・ボンドのモデルはもしかしてこの人物ではなかっただろうか？
彼の歴史を紐解くと何だかそう思えてくる。

竹鶴政孝は日本酒の蔵元出身だった。24歳になったばかりの頃に、雇い主の命でウイスキー造りの秘密を探るべくスコットランドに渡った。1918年のことである。ラガヴーリンを含む当時の名門蒸留所を巡り、見聞きしたこと、感じたことの全てを驚くほどの精密さでノートに書き記した。写真と素描も多く残した。化学を学んで得た知識が、当時のスコットランドでも見たことのない、ウイスキー製造の全工程の綿密な記録を可能とした。通称「竹鶴ノート」は今も大切に保管されている。

政孝はスコッチも愛していたが、スコットランド女性にも心を奪われた。かの地でジェシー・ロバータ・カウン、愛称リタと出会い結婚した。1920年に日本へ戻ったが、その時の雇い主は彼の蒸留所建設計画を受け入れなかった。1923年、サントリー創始者である鳥居信治郎に蒸留責任者として迎え入れられ、日本初の本格的なウイスキー蒸留所、山崎を建設した。1929年に発売した最初の商品であるブレンデッド・ウイスキーは、彼が期待していたほどには成功しなかった。

この経験に打ちひしがれることなく、政孝はスコットランドの気候風土に似ている特別な場所を探し続け、最北の島である北海道を選び、余市蒸溜所の礎を築いた。ニッカウヰスキーの誕生だ（その正式名称は1952年に決定された）。

今日、竹鶴政孝は日出ずる国のウイスキー産業の父と見なされている。

付録

巻末目次

翻訳版参考文献

『最新版ウイスキー完全バイブル』
土屋守 監修　2022年　ナツメ社

『改訂　世界ウイスキー大図鑑』
デイヴ・ブルーム他 著　チャールズ・マクリーン 監修
清宮真理、平林祥 翻訳　2017年　柴田書店

『世界のウイスキー図鑑』
デイヴ・ブルーム 著　橋口孝司 日本語版監修
村松静枝、鈴木宏子 翻訳　2017年　ガイアブックス

著者
ミカエル・ギド

フランス、ブルゴーニュ地方出身。ワインの名産地、コート・ド・ボーヌ地区、ニュイ・サン・ジョルジュ地区のすぐ側で育ち、ワインバーやカーヴに足繁く通う。2012年、ウイスキーやスピリッツなどの酒情報を愛好家同士が共有するサイトForGeorge.comを立ち上げ、酒類の魅力をより多くの人に伝えるために、積極的に活動している。この情報発信サイトは立ち上げの数カ月前に他界した、家族で食前酒を楽しむひと時をこよなく愛した祖父へのオマージュでもある。スピリッツに対する情熱は尽きることなく、世界中の蒸留所を訪ね、数多くの品評会に審査員として参加している。フランスMARABOUT（マラブー）社より『Le Whisky c'est pas sorcier』(2016)〈日本語版『ウイスキーは楽しい！』(小社刊)〉、『Les Cocktails c'est pas sorcier』(2017)〈日本語版『カクテルは楽しい！』(小社刊)〉、『Le Rhum c'est pas sorcier』(2020)〈日本語版『ラム酒は楽しい！』(小社刊)〉を上梓。
https://www.forgeorges.fr/

訳者
河 清美

広島県尾道市生まれ。東京外国語大学フランス語学科卒。翻訳家、ライター。主な訳書に『ワインは楽しい！』『コーヒーは楽しい！』『ビールは楽しい！』『カクテルは楽しい！』『ラム酒は楽しい！』『美しいフランス菓子の教科書』『ワインの世界地図』『やさしいフランスチーズの絵本』『美しい世界のチーズの教科書』(小社刊)、共編書に『フランスAOCワイン事典』(三省堂)などがある。

イラストレーター
ヤニス・ヴァルツィコス

アートディレクター、イラストレーター。フランスの出版社MARABOUT（マラブー）社の書籍のイラスト、デザインを数多く手がけている。主にイラストを手がけた本として『Le vin c'est pas sorcier』(2013)〈日本語版『ワインは楽しい！』(小社刊)〉、『Le Grand Manuel du Pâtissier』(2014)〈日本語版『美しいフランス菓子の教科書』(小社刊)〉、『Le Café, c'est pas sorcier』(2016)〈日本語版『コーヒーは楽しい！』(小社刊)〉、『Le Whisky c'est pas sorcier』(2016)〈日本語版『ウイスキーは楽しい！』(小社刊)〉、『La Bière c'est pas sorcier』(2016)〈日本語版『ビールは楽しい！』(小社刊)〉、『Les Cocktails, c'est pas sorcier』(2017)〈日本語版『カクテルは楽しい！』(小社刊)〉、『Pourquoi les spaghetti bolognese n'existent pas』(2019)〈日本語版『フランス式おいしい調理科学の雑学』(小社刊)〉、『Le Rhum c'est pas sorcier』(2020)〈日本語版『ラム酒は楽しい！』(小社刊)〉などがある。
https://lacourtoisiecreative.com/
https://lacourtoisiecreative.myportfolio.com/

ウイスキーは楽しい！ 増補改訂版
2023年2月23日 初版第1刷発行

著者／ミカエル・ギド
イラスト／ヤニス・ヴァルツィコス
訳者／河 清美
装丁・DTP／小松洋子
校正／株式会社 ぷれす
制作進行／關田理恵

発行人／三芳寛要
発行元／株式会社パイ インターナショナル
〒170-0005 東京都豊島区南大塚2-32-4
TEL 03-3944-3981　FAX 03-5395-4830
sales@pie.co.jp

印刷・製本／シナノ印刷株式会社

©2023 PIE International
ISBN978-4-7562-5746-8 C0077
Printed in Japan